T0209470

essentials liefern aktuelles Wissen in konzentrierter Form. Die Essenz dessen, worauf es als „State-of-the-Art" in der gegenwärtigen Fachdiskussion oder in der Praxis ankommt. *essentials* informieren schnell, unkompliziert und verständlich

- als Einführung in ein aktuelles Thema aus Ihrem Fachgebiet
- als Einstieg in ein für Sie noch unbekanntes Themenfeld
- als Einblick, um zum Thema mitreden zu können

Die Bücher in elektronischer und gedruckter Form bringen das Fachwissen von Springerautor*innen kompakt zur Darstellung. Sie sind besonders für die Nutzung als eBook auf Tablet-PCs, eBook-Readern und Smartphones geeignet. *essentials* sind Wissensbausteine aus den Wirtschafts-, Sozial- und Geisteswissenschaften, aus Technik und Naturwissenschaften sowie aus Medizin, Psychologie und Gesundheitsberufen. Von renommierten Autor*innen aller Springer-Verlagsmarken.

Karl-Heinz Zimmermann

Das Hidden-Markov-Modell

Zufallsprozesse mit verborgenen Zuständen und ihre wahrscheinlichkeitstheoretischen Grundlagen

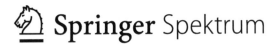 Springer Spektrum

Karl-Heinz Zimmermann
Institute of Embedded Systems
Hamburg University of Technology
Hamburg, Deutschland

ISSN 2197-6708   ISSN 2197-6716   (electronic)
essentials
ISBN 978-3-662-65967-0   ISBN 978-3-662-65968-7   (eBook)
https://doi.org/10.1007/978-3-662-65968-7

Die Deutsche Nationalbibliothek verzeichnet diese Publikation in der Deutschen Nationalbibliografie; detaillierte bibliografische Daten sind im Internet über http://dnb.d-nb.de abrufbar.

Planung/Lektorat: Iris Ruhmann
Springer Spektrum ist ein Imprint der eingetragenen Gesellschaft Springer-Verlag GmbH, DE und ist ein Teil von Springer Nature.
Die Anschrift der Gesellschaft ist: Heidelberger Platz 3, 14197 Berlin, Germany

Was Sie in diesem *essential* finden können

- Eine kurze Einführung in die Wahrscheinlichkeitsrechnung und die Theorie der Markov-Ketten.
- Eine allgemeine Definition des Hidden-Markov-Modells und die Verwendung des stochastischen Modells des gelegentlich unehrlichen Münzspielers als laufendes Beispiel.
- Ein Verfahren zur Parameterschätzung in einem Hidden-Markov-Modell mit vollständig beobachteten Zuständen.
- Ein Inferenzverfahren (Viterbi-Algorithmus) in einem Hidden-Markov-Modell mit vollständig verdeckten Zuständen.
- Zwei Verfahren zur Parameterschätzung (Erwartungsmaximierungs- und Baum-Welch-Algorithmus) in einem Hidden-Markov-Modell mit vollständig verdeckten Zuständen.
- Die Detektion von CpG-Inseln in genomischen DNA-Folgen als Beispiel.

Inhaltsverzeichnis

Wahrscheinlichkeitsrechnung

1

Die Wahrscheinlichkeitsrechnung ist ein Zweig der Mathematik, der sich mit Zufallsexperimenten beschäftigt. Die Beschreibung von Zufallsexperimenten basiert auf mathematischen Modellen, welche die Gesetzmäßigkeiten bei mehrfacher Wiederholung eines Experiments berücksichtigen. Dieses Kapitel gibt eine kurze Einführung in die Wahrscheinlichkeitsrechnung, soweit dies für die nachfolgenden Kapitel erforderlich ist.

1.1 Eindimensionale Verteilungen

Dieser Abschnitt behandelt Zufallsexperimente, die durch eindimensionale Verteilungen beschrieben werden können.

Wahrscheinlichkeitsräume

Ein Zufallsexperiment wird durch eine *Ergebnismenge* (auch *Ergebnisraum*) Ω definiert. Die Elemente einer Ergebnismenge werden *Ergebnisse* genannt. Im Folgenden wird die Ergebnismenge als eine diskrete (endliche oder abzählbar unendliche) Menge angenommen. Die Teilmengen einer Ergebnismenge Ω heißen *Ereignisse*. Insbesondere wird das zu einem Ergebnis $\omega \in \Omega$ gehörende Ereignis $\{\omega\}$ auch *Elementarereignisse* genannt. Die Ereignisse sind also genau die Elemente der Potenzmenge 2^{Ω} einer Ergebnismenge Ω. Ist $A \subseteq \Omega$ ein Ereignis und ω das Ergebnis eines Zufallsexperiments, dann bedeutet $w \in A$, dass A eingetreten ist.

Auf einem Ereignisraum 2^{Ω} sind die bekannten mengentheoretischen Operationen definiert (Abb. 1.1):

© Der/die Autor(en), exklusiv lizenziert an Springer-Verlag GmbH, DE, ein Teil von Springer Nature 2022
K.-H. Zimmermann, *Das Hidden-Markov-Modell,* essentials,
https://doi.org/10.1007/978-3-662-65968-7_1

Abb. 1.1 Mengentheor-
etische Operationen im
Venn-Diagramm mit
$\Omega = \{1, 2, 3, 4\}$:
$A = \{1, 2, 4\}$, $B = \{2, 3\}$,
$A \cup B = \{1, 2, 3, 4\}$,
$A \cap B = \{2\}$, $\overline{A} = \{3\}$,
$\overline{B} = \{1, 4\}$, $A \setminus B = \{1, 4\}$
und $B \setminus A = \{3\}$

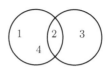

- Der Durchschnitt zweier Ereignisse A und B,

$$A \cap B = \{\omega \mid \omega \in A \wedge \omega \in B\}, \tag{1.1}$$

  besagt, dass sowohl A als auch B eingetreten sind.
- Die Vereinigung zweier Ereignisse A und B,

$$A \cup B = \{\omega \mid \omega \in A \vee \omega \in B\}, \tag{1.2}$$

  gibt an, dass A oder B eingetreten ist.
- Das Gegenereignis eines Ereignisses A,

$$\overline{A} = \Omega \setminus A = \{\omega \mid \omega \in \Omega \wedge \omega \notin A\}, \tag{1.3}$$

  tritt ein, wenn A nicht eingetreten ist.

Außerdem ist $A = \Omega$ das *sichere* Ereignis und $A = \emptyset$ das *unmögliche* Ereignis. Für die oben genannten Verknüpfungen gelten die bekannten Gesetze der Mengenalgebra, wie etwa

$$\overline{\overline{A}} = A, \quad A \cap \overline{A} = \emptyset, \quad A \setminus B = A \cap \overline{B}. \tag{1.4}$$

Ferner bestehen die Gesetze von De Morgan

$$\overline{A \cap B} = \overline{A} \cup \overline{B} \quad \text{und} \quad \overline{A \cup B} = \overline{A} \cap \overline{B}. \tag{1.5}$$

Zwei Ereignisse A und B heißen *unvereinbar*, wenn sie disjunkt sind, d. h.

$$A \cap B = \emptyset. \tag{1.6}$$

Eine Mengenabbildung $\mathbb{P} : 2^{\Omega} \to \mathbb{R}$ heißt ein *Wahrscheinlichkeitsmaß* (kurz *W-Maß*) auf Ω, wenn sie den Ereignissen Wahrscheinlichkeiten auf folgende Weise zuordnet:

- $\mathbb{P}(\emptyset) = 0$ und $\mathbb{P}(\Omega) = 1$,
- $\mathbb{P}(A \cup B) = \mathbb{P}(A) + \mathbb{P}(B)$ für unvereinbare Ereignisse A und B.

Letztere Eigenschaft wird allgemeiner für Folgen von paarweise unvereinbaren Ereignissen $(A_i)_{i \in \mathbb{N}}$ formuliert

$$\mathbb{P}\left(\bigcup_{i=1}^{\infty} A_i\right) = \sum_{i=1}^{\infty} \mathbb{P}(A_i). \tag{1.7}$$

Im Gegensatz zu Reihen sind unendliche Vereinigungen und Durchschnitte von Mengen ohne Grenzübergang definiert; insbesondere ist $\bigcup_{i=1}^{\infty} A_i$ die Menge aller Elemente, die in mindestens einer der Mengen A_i auftreten.

Für jedes Ereignis $A \subseteq \Omega$ heißt $\mathbb{P}(A)$ die *Wahrscheinlichkeit* von A. Dabei ist $\mathbb{P}(A \cap B)$ die Wahrscheinlichkeit, dass die Ereignisse A und B gemeinsam eintreten, $\mathbb{P}(A \cup B)$ die Wahrscheinlichkeit, dass die Ereignisse A oder B eintreten und $\mathbb{P}(\overline{A})$ die entgegengesetzte Wahrscheinlichkeit des Ereignisses A.

Für ein W-Maß $\mathbb{P}$ auf Ω gelten die folgenden Gesetzmäßigkeiten.

Satz 1.1 *Für beliebige Ereignisse $A, B \subseteq \Omega$ gilt:*

- $\mathbb{P}(A) + \mathbb{P}(\overline{A}) = 1$
- $\mathbb{P}(A \cup B) + \mathbb{P}(A \cap B) = \mathbb{P}(A) + \mathbb{P}(B)$
- *Aus $A \subseteq B$ folgt $\mathbb{P}(A) \leq \mathbb{P}(B)$*

Beweis Die Ereignisse A und $\overline{A}$ sind unvereinbar mit $A \cup \overline{A} = \Omega$. Daher folgt $1 = \mathbb{P}(\Omega) = \mathbb{P}(A) + \mathbb{P}(\overline{A})$.

Das Ereignis A ist die Vereinigung der unvereinbaren Ereignisse $A \setminus B$ und $A \cap B$. Somit ergibt sich $\mathbb{P}(A) = \mathbb{P}(A \setminus B) + \mathbb{P}(A \cap B)$; analog $\mathbb{P}(B) = \mathbb{P}(B \setminus A) + \mathbb{P}(A \cap B)$. Folglich gilt

$$\begin{aligned}
\mathbb{P}(A) + \mathbb{P}(B) &= \mathbb{P}(A \setminus B) + 2 \cdot \mathbb{P}(A \cap B) + \mathbb{P}(B \setminus A) \\
&= \mathbb{P}((A \setminus B) \cup (A \cap B) \cup (B \setminus A)) + \mathbb{P}(A \cap B) \\
&= \mathbb{P}(A \cup B) + \mathbb{P}(A \cap B),
\end{aligned}$$

weil die Ereignisse $A \setminus B$, $A \cap B$ und $B \setminus A$ paarweise unvereinbar sind und deren Vereinigung $A \cup B$ ergibt.

Schließlich ist das Ereignis B mit $A \subseteq B$ die Vereinigung der unvereinbaren Ereignisse A und $B \setminus A$. Daher folgt $\mathbb{P}(B) = \mathbb{P}(A) + \mathbb{P}(B \setminus A) \geq \mathbb{P}(A)$.   □

Ein *Wahrscheinlichkeitsraum* (kurz *W-Raum*) ist ein Paar $(\Omega, \mathbb{P})$, bestehend aus einer diskreten Ergebnismenge Ω und einem W-Maß $\mathbb{P}$ auf Ω. Der Ereignisraum setzt sich aus allen Teilmengen von Ω zusammen. Im Falle einer überabzählbaren Ergebnismenge, wie etwa der Menge der reellen Zahlen, bilden die Ereignisse eine sogenannte σ-Algebra.

Jedes Ereignis $A \subseteq \Omega$ kann als Vereinigung von abzählbar vielen Elementarereignissen dargestellt werden $A = \bigcup_{\omega \in A} \{\omega\}$. Die Wahrscheinlichkeit für ein Ereignis A ist daher nach (1.7) durch die Summe der Wahrscheinlichkeiten $\mathbb{P}(\{\omega\})$ der Elementarereignisse $\omega \in A$ gegeben

$$\mathbb{P}(A) = \sum_{\omega \in A} \mathbb{P}(\{w\}). \tag{1.8}$$

Die Wahrscheinlichkeit $\mathbb{P}(\{\omega\})$ eines Elementarereignisses wird kürzer durch $\mathbb{P}(\omega)$ ausgedrückt.

Laplace-Experimente

Laplace-Experimente sind Zufallsexperimente mit einer endlichen Anzahl von Ergebnissen, die alle gleich wahrscheinlich sind. Ein Laplace-Experiment ist durch einen W-Raum $(\Omega, \mathbb{P})$ mit einer endlichen Ergebnismenge Ω und einem W-Maß $\mathbb{P}$ dergestalt gegeben, dass für die Wahrscheinlichkeit eines Ereignisses $A \subseteq \Omega$ nach (1.8) gilt

$$\mathbb{P}(A) = \frac{|A|}{|\Omega|}, \tag{1.9}$$

wobei $|A|$ die Mächtigkeit der Menge A bezeichnet. Insbesondere hat jedes Elementarereignis $\{\omega\}$ die Wahrscheinlichkeit $\mathbb{P}(\omega) = \frac{1}{|\Omega|}$. Der W-Raum $(\Omega, \mathbb{P})$ wird auch als *Laplace-Raum* bezeichnet.

Beispiel 1.2 Es werden zwei faire Münzen mit den Seiten Kopf (K) und Zahl (Z) geworfen. Dieses Zufallsexperiment wird durch den Laplace-Raum $(\Omega, \mathbb{P})$ mit dem Ergebnisraum $\Omega = \{KK, KZ, ZK, ZZ\}$ beschrieben. Die Menge $A = \{KZ, ZK\}$ skizziert das Ereignis, dass Kopf und Zahl jeweils genau einmal auftreten. Dieses Ereignis hat die Wahrscheinlichkeit $\mathbb{P}(A) = \frac{|A|}{|\Omega|} = \frac{1}{2}$.   □

Bedingte Wahrscheinlichkeiten und Unabhängigkeit

Zwischen Ereignissen können Abhängigkeiten bestehen, die bei der Zuordnung von Wahrscheinlichkeiten zu berücksichtigen sind.

Es sei $(\Omega, \mathbb{P})$ ein W-Raum und $A, B \subseteq \Omega$ Ereignisse mit $\mathbb{P}(B) > 0$. Die *bedingte Wahrscheinlichkeit* von A gegeben B ist definiert durch

$$\mathbb{P}(A \mid B) = \frac{\mathbb{P}(A \cap B)}{\mathbb{P}(B)}. \tag{1.10}$$

Satz 1.3 *Ist* $(\Omega, \mathbb{P})$ *ein W-Raum und* $B \subseteq \Omega$ *ein Ereignis mit* $\mathbb{P}(B) > 0$, *dann wird durch die Mengenabbildung* $Q : 2^{\Omega} \to \mathbb{R}$ *mit* $Q(A) = \mathbb{P}(A \mid B)$ *ein W-Maß auf* Ω *definiert.*

Beweis Es gilt $Q(\Omega) = \mathbb{P}(\Omega \mid B) = \frac{\mathbb{P}(\Omega \cap B)}{\mathbb{P}(B)} = \frac{\mathbb{P}(B)}{\mathbb{P}(B)} = 1$ und $Q(\emptyset) = \mathbb{P}(\emptyset \mid B) = \frac{\mathbb{P}(\emptyset \cap B)}{\mathbb{P}(B)} = \frac{\mathbb{P}(\emptyset)}{\mathbb{P}(B)} = 0$. Ferner gilt für unvereinbare Ereignisse $A, A' \subseteq \Omega$

$$Q(A \cup A') = \mathbb{P}(A \cup A' \mid B) = \frac{1}{\mathbb{P}(B)} \mathbb{P}\big((A \cup A') \cap B\big)$$

$$= \frac{1}{\mathbb{P}(B)} \mathbb{P}\big((A \cap B) \cup (A' \cap B)\big) = \frac{1}{\mathbb{P}(B)} \big(\mathbb{P}(A \cap B) + \mathbb{P}(A' \cap B)\big)$$

$$= \mathbb{P}(A \mid B) + \mathbb{P}(A' \mid B) = Q(A) + Q(A'),$$

wobei in der dritten Gleichung die Distributivität des Durchschnittes über der Vereinigung und in der vierten Gleichung die Additivität bei disjunkten Ereignissen verwendet wurden.

Beispiel 1.4 Aus einer Urne mit zwei weißen (W) und zwei schwarzen (S) Kugeln werden nacheinander zwei Kugeln gezogen. Der zugrunde liegende Ergebnisraum ist $\Omega = \{WW, WS, SW, SS\}$.

Im ersten Fall wird *mit Zurücklegen* gezogen. Es handelt sich dann um ein Laplace-Experiment, so dass jedes Elementarereignis eine Wahrscheinlichkeit von $\frac{1}{4}$ besitzt.

Im zweiten Fall wird *ohne Zurücklegen* gezogen. Hier liegt kein Laplace-Experiment vor, weil die Elementarereignisse unterschiedliche Wahrscheinlichkeiten besitzen, nämlich $P(WW) = P(SS) = \frac{1}{2} \cdot \frac{1}{3} = \frac{1}{6}$ und $P(WS) = P(SW) = \frac{1}{2} \cdot \frac{2}{3} = \frac{1}{3}$, da beim zweiten Zug eine Kugel weniger in der Urne liegt.

Beide Situationen sind in den Baumdiagrammen in Abb. 1.2 dargestellt. Nach den *Pfadregeln* werden die Wahrscheinlichkeiten auf einem Pfad multipliziert und auf verschiedenen Pfaden addiert. Die Wahrscheinlichkeit, mindestens eine weiße Kugel zu ziehen, ist ohne Zurücklegen $\mathbb{P}(\{WS, SW, WW\}) = 3 \cdot \frac{1}{4} = \frac{3}{4}$ und mit Zurücklegen $\mathbb{P}(\{WS, SW, WW\}) = 2 \cdot \frac{1}{3} + \frac{1}{6} = \frac{5}{6}$. $\square$

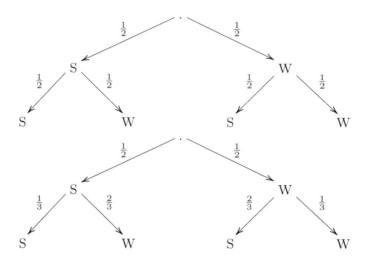

Abb. 1.2 Baumdiagramme für das Ziehen von zwei Kugeln aus einer Urne mit zwei weißen und zwei schwarzen Kugeln mit Zurücklegen (oben) und ohne Zurücklegen (unten)

Satz 1.5 (Multiplikationsregel) *Ist* $(\Omega, \mathbb{P})$ *ein W-Raum, dann gilt für beliebige Ereignisse* $A_1, \ldots, A_n \subseteq \Omega$ *mit* $\mathbb{P}(A_1 \cap \ldots \cap A_{n-1}) > 0$

$$\mathbb{P}(A_1 \cap A_2 \cap \ldots \cap A_n)$$
$$= \mathbb{P}(A_1) \cdot \mathbb{P}(A_2 \mid A_1) \cdots \mathbb{P}(A_n \mid A_1 \cap \ldots \cap A_{n-1}). \quad (1.11)$$

Beweis Jeder Faktor $\mathbb{P}(A_i \mid A_1 \cap \ldots \cap A_{i-1})$ kann nach (1.10) durch den Quotienten $\mathbb{P}(A_1 \cap \ldots \cap A_i)/\mathbb{P}(A_1 \cap \ldots \cap A_{i-1})$ ersetzt werden, wobei $\mathbb{P}(A_1 \cap \ldots \cap A_{i-1}) \geq \mathbb{P}(A_1 \cap \ldots \cap A_{n-1}) > 0$ nach Satz 1.1 erfüllt ist. Dadurch entsteht ein (teleskopisches) Produkt, in dem sich aufeinanderfolgende Zähler und Nenner wegkürzen, sodass die rechte Seite übrig bleibt.   □

Eine (endliche) *Partition* eines Ergebnisraums Ω ist eine Menge $B = \{B_1, \ldots, B_n\}$, deren Elemente nichtleere Teilmengen von Ω sind mit der Maßgabe, dass jedes Element von Ω in genau einem Element von B enthalten ist. Zum Beispiel sind die Partitionen der Menge $\{1, 2, 3, 4\}$ durch $\{\{1\}, \{2, 3, 4\}\}$, $\{\{2\}, \{1, 3, 4\}\}$, $\{\{3\}, \{1, 2, 4\}\}$, $\{\{4\}, \{1, 2, 3\}\}$, $\{\{1, 2\}, \{3, 4\}\}$, $\{\{1, 3\}, \{2, 4\}\}$ und $\{\{1, 4\}, \{2, 3\}\}$ gegeben.

Satz 1.6 (Totale Wahrscheinlichkeit) *Ist* $(\Omega, \mathbb{P})$ *ein W-Raum und* $B = \{B_1,$
$\ldots, B_n\}$ *eine Partition von* Ω *mit* $\mathbb{P}(B_i) > 0$ *für alle* $1 \leq i \leq n$, *dann gilt für jedes Ereignis* $A \subseteq \Omega$

$$\mathbb{P}(A) = \sum_{i=1}^{n} \mathbb{P}(A \mid B_i) \cdot \mathbb{P}(B_i). \tag{1.12}$$

Beweis Die Ereignisse $A \cap B_1, \ldots, A \cap B_n$ sind paarweise unvereinbar und ihre Vereinigung ergibt die Menge A. Daher folgt mit (1.7) und (1.10) sofort $\mathbb{P}(A) = \sum_{i=1}^{n} \mathbb{P}(A \cap B_i) = \sum_{i=1}^{n} \mathbb{P}(A \mid B_i) \cdot \mathbb{P}(B_i)$. $\qquad\square$

Zwei Ereignisse A und B eines W-Raums $(\Omega, \mathbb{P})$ heißen *(stochastisch) unabhängig*, wenn gilt

$$\mathbb{P}(A \cap B) = \mathbb{P}(A) \cdot \mathbb{P}(B). \tag{1.13}$$

Aus der stochastischen Unabhängigkeit zweier Ereignisse A und B folgt im Falle $\mathbb{P}(A) > 0$ und $\mathbb{P}(B) > 0$ wegen (1.10) sofort

$$\mathbb{P}(A \mid B) = \mathbb{P}(A) \quad \text{und} \quad \mathbb{P}(B \mid A) = \mathbb{P}(B). \tag{1.14}$$

Stochastische Unabhängigkeit sollte nicht mit Unvereinbarkeit verwechselt werden, denn für unvereinbare Ereignisse A und B gilt $\mathbb{P}(A \cap B) = \mathbb{P}(\emptyset) = 0$.

Beispiel 1.7 Wie in Beispiel 1.4 werden aus einer Urne mit zwei weißen und zwei schwarzen Kugeln nacheinander zwei Kugeln *ohne Zurücklegen* gezogen. Ist A das Ereignis, dass die erste Kugel weiß ist, und B das Ereignis, dass die zweite Kugel schwarz ist, dann gilt $\mathbb{P}(A) = \mathbb{P}(\{WW, WS\}) = \frac{1}{2}$, $\mathbb{P}(B) = \mathbb{P}(\{WS, SS\}) = \frac{1}{2}$ und $\mathbb{P}(A \cap B) = \mathbb{P}(WS) = \frac{1}{3}$, also $\mathbb{P}(A \mid B) = \frac{2}{3}$ und $\mathbb{P}(B \mid A) = \frac{2}{3}$. Daher sind die Ereignisse A und B nach (1.14) nicht unabhängig voneinander. $\qquad\square$

Zufallsvariablen

Zufallsvariablen spielen bei der Beschreibung von Zufallsexperimenten eine wichtige Rolle, weil sie eine numerische Erfassung der möglichen Ereignisse gestatten. Das Arbeiten mit Zufallsvariablen hat auch den Vorteil, dass mit ihnen gerechnet werden kann.

Eine *(diskrete) Zufallsvariable* auf einem W-Raum $(\Omega, \mathbb{P})$ ist eine Abbildung $X : \Omega \to \mathbb{R}$, die jedem Ergebnis einen reellen Zahlenwert zuordnet. Der Wert $x = X(\omega)$ mit $\omega \in \Omega$ wird als *Realisierung* der Zufallsvariablen X bezeichnet.

Eine Zufallsvariable X auf einem W-Raum $(\Omega, \mathbb{P})$ definiert ein W-Maß p_X : $\mathbb{R} \to \mathbb{R}$ mit

$$p_X(A) = \mathbb{P}(X \in A), \qquad (1.15)$$

wobei $\{X \in A\}$ die Kurzform des Ereignisses $\{\omega \in \Omega \mid X(\omega) \in A\}$ darstellt. Insbesondere gilt $p_X(x) = \mathbb{P}(X = x)$ für jedes $x \in X(\Omega)$, wobei $\{X = x\}$ für das Ereignis $\{\omega \in \Omega \mid X(\omega) = x\}$ steht. Dieses W-Maß wird auch als *Wahrscheinlichkeitsverteilung* (kurz *Verteilung*) von X bezeichnet.

Die Bildmenge $X(\Omega)$ ist definitionsgemäß abzählbar und mithilfe der Additivität (1.7) folgt

$$\sum_{x \in X(\Omega)} p_X(x) = \mathbb{P}\left(\bigcup_{x \in X(\Omega)} \{\omega \in \Omega \mid X(\omega) = x\} \right) = \mathbb{P}(\Omega) = 1. \qquad (1.16)$$

Diese Gleichung kann mit der Festlegung $p_X(x) = 0$ für alle $x \in \mathbb{R} \setminus X(\Omega)$ auch in der Form $\sum_{x \in \mathbb{R}} p_X(x) = 1$ geschrieben werden. Für eine abzählbare Menge $A \subseteq \mathbb{R}$ gilt dann vermöge der Additivität (1.7)

$$\mathbb{P}(X \in A) = \mathbb{P}\left(\bigcup_{x \in A} \{X = x\} \right) = \sum_{x \in A} p_X(x). \qquad (1.17)$$

Die Wahrscheinlichkeit eines Ereignisses $\{X \in A\}$ kann also mithilfe der Verteilung p_X ohne Rückgriff auch das W-Maß $\mathbb{P}$ berechnet werden.

Beispiel 1.8 Ein fairer sechsseitiger Würfel mit den Ausgängen $1, 2, \ldots, 6$ wird zweimal geworfen. Dieses Zufallsexperiment ist ein Laplace-Experiment mit dem Ergebnisraum $\Omega = \{11, 12, \ldots, 16, 21, \ldots, 66\}$. Eine Zufallsvariable $X : \Omega \to \mathbb{R}$ auf diesem Ergebnisraum ist durch die Summe der Augenpaare $X(x_1 x_2) = x_1 + x_2$ definiert, wobei deren Wertebereich durch $X(\Omega) = \{2, 3, \ldots, 12\}$ gegeben ist. Die Verteilung p_X ist folgender Wertetabelle zu entnehmen

k	2	3	4	5	6	7	8	9	10	11	12
$p_X(k)$	$\frac{1}{36}$	$\frac{2}{36}$	$\frac{3}{36}$	$\frac{4}{36}$	$\frac{5}{36}$	$\frac{6}{36}$	$\frac{5}{36}$	$\frac{4}{36}$	$\frac{3}{36}$	$\frac{2}{36}$	$\frac{1}{36}$

Beispielsweise gilt $\mathbb{P}(X \le 3) = \mathbb{P}(X \in \{2, 3\}) = p_X(2) + p_X(3) = \frac{1}{12}$. □

Erwartungswert und Varianz

Wichtige Maße für eine Wahrscheinlichkeitsverteilung sind ihr Erwartungswert und ihre Varianz. Der Erwartungswert ist als Mittelwert aller Realisierungen $X = x$ einer Zufallsvariablen X mit Gewichten $p_X(x)$ definiert.

Der *Erwartungswert* einer Zufallsvariablen X mit der Verteilung p_X ist festgelegt durch

$$\mathbb{E}(X) = \sum_{x \in X(\Omega)} x \cdot p_X(x). \tag{1.18}$$

Der Erwartungswert $\mathbb{E}(X)$ existiert, wenn die Bedingung $\sum_x |x| \cdot p_X(x) < \infty$ erfüllt ist. Im Folgenden wird stets davon ausgegangen, dass der Erwartungswert einer Zufallsvariablen existiert. Der Erwartungswert von X wird auch durch μ_X symbolisiert.

Satz 1.9 (Transformationsformel) *Ist X eine Zufallsvariable mit der Verteilung p_X und $f : \mathbb{R} \to \mathbb{R}$ eine Abbildung, dann ist $Y = f(X) : \Omega \to \mathbb{R}$ eine Zufallsvariable und es gilt*

$$\mathbb{E}(Y) = \sum_{x \in X(\Omega)} f(x) \cdot p_X(x). \tag{1.19}$$

Beweis Die Komposition $Y = f(X)$ ist definitionsgemäß eine Zufallsvariable und das Bild von Y ist $f(X(\Omega))$. Für die Verteilung von Y gilt

$$p_Y(y) = \mathbb{P}(Y = y) = \mathbb{P}(f(X) = y) = \mathbb{P}(X \in f^{-1}(y)) = \sum_{x \in f^{-1}(y)} \mathbb{P}(X = x). \tag{1.20}$$

Mit der Additivität (1.7) und (1.20) folgt

$$\mathbb{E}(Y) = \sum_{y \in f(X(\Omega))} y \cdot \mathbb{P}(Y = y) = \sum_{y \in f(X(\Omega))} y \cdot \sum_{\substack{x \in X(\Omega) \\ f(x) = y}} \mathbb{P}(X = x)$$

$$= \sum_{x \in X(\Omega)} f(x) \cdot \mathbb{P}(X = x).$$

$\square$

Satz 1.10 (Linearität) *Sind X, Y Zufallszahlen und α, β reelle Zahlen, dann gilt*

$$\mathbb{E}(\alpha X + \beta Y) = \alpha \mathbb{E}(X) + \beta \mathbb{E}(Y) \quad und \quad \mathbb{E}(\alpha) = \alpha. \tag{1.21}$$

Beweis Für die Zufallsvariable $Y = \alpha X$ gilt anhand der Transformationsformel $\mathbb{E}(Y) = \mathbb{E}(\alpha X) = \sum_x (\alpha x) \cdot p_X(x) = \alpha \sum_x x \cdot p_X(x) = \alpha \mathbb{E}(X)$. Weiter gilt $\mathbb{E}(X + Y) = \mathbb{E}(X) + \mathbb{E}(Y)$, was später in Satz 1.17 gezeigt wird. Aus beiden Beziehungen folgt die erste Gleichung.

Für die konstante Zufallsvariable $X = \alpha$ gilt $p_X(\alpha) = \mathbb{P}(\{\omega \in \Omega \mid X(\omega) = \alpha\}) = \mathbb{P}(\Omega) = 1$ und $p_X(x) = 0$ für alle $x \neq \alpha$. Daher folgt $\mathbb{E}(\alpha) = \sum_x \alpha \cdot p_X(x) = \alpha \sum_x \cdot p_X(x) = \alpha$.   □

Beispiel 1.11   Es sei X eine Zufallsvariable auf dem Laplace-Raum $(\Omega, \mathbb{P})$ mit dem Ergebnisraum $\Omega = \{1, \ldots, N\}$. Für den Erwartungswert von X gilt

$$\mu_X = \sum_{i=1}^{N} i \cdot \frac{1}{N} = \frac{N(N+1)}{2} \cdot \frac{1}{N} = \frac{N+1}{2}.$$

□

Es sei X eine Zufallsvariable. Die *Varianz* von X ist definiert durch

$$\mathrm{Var}(X) = \mathbb{E}\left([X - \mu_X]^2\right). \tag{1.22}$$

Die Varianz von X ist der mittlere quadratische Abstand zwischen der Zufallsvariablen und ihrem Erwartungswert. Die Wurzel der Varianz von X wird als *Standardabweichung* bezeichnet.

Satz 1.12   *Ist X eine Zufallsvariable X und α, β reelle Zahlen, dann gilt*

$$\mathrm{Var}(X) = \mathbb{E}(X^2) - \mu_X^2 \quad und \quad \mathrm{Var}(\alpha X + \beta) = \alpha^2 \mathrm{Var}(X). \tag{1.23}$$

Beweis Mit der Linearität des Erwartungswertes (1.21) ergibt sich

$$\mathrm{Var}(X) = \mathbb{E}([X - \mu_X]^2) = \mathbb{E}(X^2 - 2\mu_X X + \mu_X^2) = \mathbb{E}(X^2) - 2\mu_X \mathbb{E}(X) + \mu_X^2 = \mathbb{E}(X^2) - \mu_X^2.$$

Weiter folgt mit dieser Formel und (1.21)

$$\mathrm{Var}(\alpha X + \beta) = \mathbb{E}((\alpha X + \beta)^2) - (\alpha \mu_x + \beta)^2 = \alpha^2 \left(\mathbb{E}(X^2) - \mu_X^2\right) = \alpha^2 \mathrm{Var}(X).$$

□

Die Darstellung der Varianz von X in der Form $\mathbb{E}(X^2) - \mu_X^2$ eignet sich gut für praktische Berechnungen.

Beispiel 1.13   Es sei X eine Zufallsvariable auf dem Laplace-Raum $(\Omega, \mathbb{P})$ mit dem Ergebnisraum $\Omega = \{1, \ldots, N\}$. Dann gilt

$$\mathbb{E}(X^2) = \sum_{i=1}^{N} i^2 \cdot \frac{1}{N} = \frac{N(N+1)(2N+1)}{6} \cdot \frac{1}{N} = \frac{(N+1)(2N+1)}{6}$$

und daher mittels Beispiel 1.11

$$\mathrm{Var}(X) = \mathbb{E}(X^2) - \mu_X^2 = \frac{(N+1)(2N+1)}{6} - \frac{(N+1)^2}{4} = \frac{N^2 - 1}{12}.$$

$\square$

1.2 Mehrdimensionale Verteilungen

Zufallsexperimente können aus einer Reihe von Zufallsexperimenten bestehen, die gleichzeitig oder nacheinander durchgeführt werden. Diese Experimente werden durch mehrdimensionale Verteilungen beschrieben.

Gemeinsame Verteilungen und Randverteilungen
Es seien X und Y Zufallsvariablen auf dem gemeinsamen W-Raum $(\Omega, \mathbb{P})$. Das *(gemeinsame) W-Maß* von X und Y ist eine Abbildung $p_{X,Y} : \mathbb{R}^2 \to \mathbb{R}$, definiert durch

$$p_{X,Y}(x, y) = \mathbb{P}(X = x, Y = y), \qquad (1.24)$$

wobei $\{X = x, Y = y\}$ das Ereignis $\{\omega \in \Omega \mid X(\omega) = x, Y(\omega) = y\}$ bezeichnet. Dieses W-Maß wird auch *Wahrscheinlichkeitsverteilung* (kurz *Verteilung*) von X und Y genannt.

Das Bild $X(\Omega) \times Y(\Omega)$ ist definitionsgemäß abzählbar und anhand der Additivität (1.7) folgt

$$\sum_{x \in X(\Omega)} \sum_{y \in Y(\Omega)} p_{X,Y}(x, y) = \mathbb{P}\left(\bigcup_{x \in X(\Omega), y \in Y(\Omega)} \{\omega \in \Omega \mid X(\omega) = x, Y(\omega) = y\} \right) \qquad (1.25)$$
$$= \mathbb{P}(\Omega) = 1.$$

Diese Beziehung kann mit der Festsetzung $p_{X,Y}(x, y) = 0$ für alle $(x, y) \notin X(\Omega) \times Y(\Omega)$ auch in der Form $\sum_{x,y \in \mathbb{R}} p_{X,Y}(x, y) = 1$ notiert werden.

Beispiel 1.14 Ein fairer sechsseitiger Würfel wird zweimal geworfen. Die Zufallsvariable X bezeichne die Augenzahl beim ersten Wurf und die Zufallsvariable Y den Ausgang beim zweiten. Es wird ein Laplace-Raum mit dem Ergebnisraum $\Omega = \{(1, 1), (1, 2), \ldots, (6, 6)\}$ zugrunde gelegt. Die Verteilung ist durch $p_{X,Y}(x, y) = P(X = x, Y = y) = \frac{1}{36}$ definiert. $\square$

Es seien X und Y Zufallsvariablen auf einem W-Raum $(\Omega, \mathbb{P})$. Die *Randverteilung* von X ist eine Abbildung $p_X : \mathbb{R} \to \mathbb{R}$, festgelegt durch

$$p_X(x) = \mathbb{P}(X = x), \tag{1.26}$$

wobei $\{X = x\}$ das Ereignis $\bigcup_{y \in Y(\Omega)} \{\omega \in \Omega \mid X(\omega) = x, Y(\omega) = y\}$ beschreibt. Mit der Additivität (1.7) und obiger Konvention ergibt sich

$$\begin{aligned} p_X(x) &= \mathbb{P}\left(\bigcup_{y \in Y(\Omega)} \{\omega \in \Omega \mid X(\omega) = x, Y(\omega) = y\} \right) \\ &= \sum_{y \in Y(\Omega)} p_{X,Y}(x, y). \end{aligned} \tag{1.27}$$

Bei Vorliegen zweier Zufallvariablen X und Y mit dem Wertebereich

$$\{(x_i, y_j) \mid 1 \le i \le m, 1 \le j \le n\}$$

können die Ereignisse $\{X = x_i, Y = y_j\}$ sowie die (Rand-)Ereignisse $\{X = x_i\}$ und $\{Y = y_j\}$ durch eine Wertetafel dargestellt werden (Abb. 1.3). Die Randverteilungen sind gegeben durch

Abb. 1.3 Wertetafel der Verteilung zweier Zufallsvariablen und deren Randverteilungen

	y_1	$\cdots$	y_n	$\sum$
x_1	$p_{X,Y}(x_1, y_1)$	$\cdots$	$p_{X,Y}(x_1, y_n)$	$p_X(x_1)$
$\vdots$	$\vdots$	$\ddots$	$\vdots$	$\vdots$
x_m	$p_{X,Y}(x_m, y_1)$	$\cdots$	$p_{X,Y}(x_m, y_n)$	$p_X(x_m)$
$\sum$	$p_Y(y_1)$	$\cdots$	$p_Y(y_n)$	1

$$p_X(x_i) = P(X = x_i) = \sum_{j=1}^{n} p_{X,Y}(x_i, y_j), \quad 1 \le i \le m, \tag{1.28}$$

$$p_Y(y_j) = P(Y = y_j) = \sum_{i=1}^{m} p_{X,Y}(x_i, y_j), \quad 1 \le j \le n. \tag{1.29}$$

Beispiel 1.15 Es seien X und Y Zufallsvariablen über der gemeinsamen Ergebnismenge $\Omega = \{1, 2, 3\}$. Die gemeinsame Verteilung und die Randverteilungen seien wie folgt gegeben

	$y = 1$	$y = 2$	$y = 3$	$\sum$
$x = 1$	$\frac{1}{12}$	$\frac{1}{6}$	$\frac{1}{6}$	$\frac{5}{12}$
$x = 2$	$\frac{1}{18}$	$\frac{5}{18}$	0	$\frac{1}{3}$
$x = 3$	0	$\frac{1}{12}$	$\frac{1}{6}$	$\frac{1}{4}$
$\sum$	$\frac{5}{36}$	$\frac{19}{36}$	$\frac{1}{3}$	1

Beispielsweise gilt $p_X(3) = p_{X,Y}(3, 1) + p_{X,Y}(3, 2) + p_{X,Y}(3, 3) = 0 + \frac{1}{12} + \frac{1}{6} = \frac{1}{4}$. □

Ähnliche Ideen gelten für Familien von diskreten Zufallsvariablen $X = (X_1, \ldots, X_n)$. Beispielsweise ist das gemeinsame W-Maß von X durch die Abbildung $p_X : \mathbb{R}^n \to \mathbb{R}$ definiert, wobei

$$p_X(x) = \mathbb{P}(X_1 = x_1, \ldots, X_n = x_n) \tag{1.30}$$

für alle $x = (x_1, \ldots, x_n) \in \mathbb{R}^n$.

Erwartungswert und Kovarianz

Es seien X und Y Zufallsvariablen auf dem gemeinsamen W-Raum $(\Omega, \mathbb{P})$ und $f : \mathbb{R}^2 \to \mathbb{R}$ eine Abbildung. Dann ist $Z = f(X, Y)$, gegeben durch $Z(\omega) = f(X(\omega), Y(\omega))$ für alle $\omega \in \Omega$, eine Zufallsvariable auf dem W-Raum $(\Omega, \mathbb{P})$. Der Erwartungswert von Z kann mithilfe der gemeinsamen Verteilung $p_{X,Y}$ berechnet werden.

Satz 1.16 (Transformationsformel) *Sind X und Y Zufallsvariablen auf einem gemeinsamen W-Raum $(\Omega, \mathbb{P})$ und $f : X(\Omega) \times Y(\Omega) \to \mathbb{R}$ eine Abbildung, dann ist $Z = f(X, Y)$ eine Zufallsvariable und es gilt*

$$\mathbb{E}(Z) = \sum_{x \in X(\Omega)} \sum_{y \in Y(\Omega)} f(x, y) \cdot \mathbb{P}(X = x, Y = y). \tag{1.31}$$

Dieses Resultat wird wie Satz 1.9 bewiesen.

Satz 1.17 *Sind X und Y Zufallsvariablen auf einem gemeinsamen W-Raum $(\Omega, \mathbb{P})$ und $\alpha, \beta \in \mathbb{R}$, dann gilt*

$$\mathbb{E}(\alpha X + \beta Y) = \alpha \mathbb{E}(X) + \beta \mathbb{E}(Y).$$

Beweis Mit der Abbildung $f : \mathbb{R}^2 \to \mathbb{R} : (x, y) \mapsto \alpha x + \beta y$ folgt anhand obiger Transformationsformel

$$
\begin{aligned}
E(\alpha X + \beta Y) &= \sum_x \sum_y (\alpha x + \beta y) \cdot \mathbb{P}(X = x, Y = y) \\
&= \alpha \sum_x x \sum_y \mathbb{P}(X = x, Y = y) + \beta \sum_y y \sum_x \mathbb{P}(X = x, Y = y) \\
&= \alpha \sum_x x \cdot \mathbb{P}(X = x) + \beta \sum_y y \cdot \mathbb{P}(Y = y) = \alpha \sum_x x \cdot p_X(x) + \beta \sum_y y \cdot p_Y(y) \\
&= \alpha \mathbb{E}(X) + \beta \mathbb{E}(Y).
\end{aligned}
$$

$\square$

Die *Kovarianz* zweier Zufallsvariablen X und Y ist gegeben durch die Größe

$$\text{Cov}(X, Y) = \mathbb{E}([X - \mu_X][Y - \mu_Y]). \tag{1.32}$$

Durch Ausmultiplizieren des Ausdrucks $[X - \mu_X][Y - \mu_Y]$ ergibt sich unter Verwendung der Linearität des Erwartungswertes

$$\text{Cov}(X, Y) = \mathbb{E}(XY) - \mu_X \mu_Y. \tag{1.33}$$

Weiter gilt $\text{Cov}(X, Y) = \text{Cov}(Y, X)$ und im Falle $X = Y$ stimmt die Kovarianz mit der Varianz nach Satz 1.12 überein $\text{Cov}(X, X) = \text{Var}(X)$.

Beispiel 1.18 Für die Zufallsvariablen X und Y aus Beispiel 1.15 gilt

$$\mu_X = \mathbb{E}(X) = 1 \cdot \frac{5}{12} + 2 \cdot \frac{1}{3} + 3 \cdot \frac{1}{4} = \frac{11}{6},$$
$$\mu_Y = \mathbb{E}(Y) = 1 \cdot \frac{5}{36} + 2 \cdot \frac{19}{36} + 3 \cdot \frac{1}{3} = \frac{79}{36}$$

und

$$\mathbb{E}(XY) = \sum_x \sum_y xy \cdot \mathbb{P}(X = x, Y = y)$$

$$= 1 \cdot 1 \cdot \frac{1}{12} + 1 \cdot 2 \cdot \frac{1}{6} + 1 \cdot 3 \cdot \frac{1}{6} + 2 \cdot 1 \cdot \frac{1}{18} + 2 \cdot 2 \cdot \frac{5}{18} + 3 \cdot 2 \cdot \frac{1}{12} + 3 \cdot 3 \cdot \frac{1}{6} = \frac{149}{36}.$$

Es folgt $\mathrm{Cov}(X, Y) = \mathbb{E}(XY) - \mu_x \mu_y = \frac{25}{216}$. □

Bedingte Verteilungen und Unabhängigkeit
Es seien X und Y Zufallsvariablen auf einem gemeinsamen W-Raum (Ω, P) und sei $X = x$ eine Realisierung mit $p_X(x) > 0$. Die *bedingte Verteilung* von Y gegeben $X = x$ ist definiert durch

$$p_{Y|X}(y \mid x) = \frac{p_{X,Y}(x, y)}{p_X(x)}, \quad y \in Y(\Omega). \tag{1.34}$$

Diese Funktion ist ein W-Maß, denn es gilt $p_{Y|X}(y \mid x) \geq 0$ für alle $y \in Y(\Omega)$ und

$$\sum_y p_{Y|X}(y \mid x) = \sum_y \frac{p_{X,Y}(x, y)}{p_X(x)} = \frac{1}{p_X(x)} \sum_y p_{X,Y}(x, y) = \frac{1}{p_X(x)} p_X(x) = 1.$$

Beispiel 1.19 Bezugnehmend auf Beispiel 1.15 ist die bedingte Verteilung $p_{Y|X}$ wie folgt gegeben

	$y = 1$	$y = 2$	$y = 3$
$p_{Y|X}(y \mid 1)$	$\frac{1}{5}$	$\frac{2}{5}$	$\frac{2}{5}$
$p_{Y|X}(y \mid 2)$	$\frac{1}{6}$	$\frac{5}{6}$	0
$p_{Y|X}(y \mid 3)$	0	$\frac{1}{3}$	$\frac{2}{3}$

□

Zwei Zufallsvariablen X und Y auf einem gemeinsamen W-Raum (Ω, P) heißen *unabhängig*, wenn für alle $x, y \in \mathbb{R}$ gilt

$$\mathbb{P}(X = x, Y = y) = \mathbb{P}(X = x)\,\mathbb{P}(Y = y). \tag{1.35}$$

Diese Bedingung kann auch wie folgt geschrieben werden

$$p_{X,Y}(x, y) = p_X(x)p_Y(y) = \left(\sum_y p_{X,Y}(x, y)\right)\left(\sum_x p_{X,Y}(x, y)\right), \quad x, y \in \mathbb{R}.$$

$$(1.36)$$

Die folgende Charakterisierung der Unabhängigkeit ergibt sich direkt aus den Festlegungen.

Satz 1.20 *Zwei Zufallsvariablen X und Y auf einem gemeinsamen W-Raum (Ω, P) sind genau dann unabhängig, wenn für alle x, y $\in \mathbb{R}$ gilt*

$$p_{Y|X}(y \mid x) = p_Y(y).$$ $$(1.37)$$

Beispiel 1.21 Aus einer Urne mit zwei weißen und zwei schwarzen Kugeln werden nacheinander zwei Kugeln gezogen. Der erste Zug wird durch die Zufallsvariable X und der zweite durch die Zufallsvariable Y beschrieben. Die Wahrscheinlichkeiten beim Ziehen mit bzw. ohne Zurücklegen sind den Baumdiagrammen in Abb. 1.2 zu entnehmen.

Beim Ziehen *mit Zurücklegen* sind die beiden Zufallsvariablen unabhängig mit $p_{X,Y}(x, y) = \frac{1}{4}$ und $p_X(x) = p_Y(y) = \frac{1}{2}$ für alle x, y. Weiter gilt für die bedingte Verteilung $p_{Y|X}(y \mid x) = \frac{1}{2}$ für alle x, y.

Beim Ziehen *ohne Zurücklegen* gilt etwa $p_Y(S) = \frac{1}{2}$ und $p_{Y|X}(S \mid W) = p_{X,Y}(WS)/p_X(W) = \frac{1}{3}/\frac{1}{2} = \frac{2}{3}$. Also sind die beiden Zufallsvariablen nicht unabhängig. $\square$

Satz 1.22 *Für unabhängige Zufallsvariablen X und Y gilt*

$$\mathbb{E}(XY) = \mathbb{E}(X)\mathbb{E}(Y).$$ $$(1.38)$$

Beweis Es gilt aufgrund der Transformationsformel und der Unabhängigkeit von X und Y,

$$\mathbb{E}(XY) = \sum_{xy} xy \cdot \mathbb{P}(X = x, Y = y) = \sum_{xy} xy \cdot \mathbb{P}(X = x)\mathbb{P}(Y = y)$$

$$= \sum_x x \cdot \mathbb{P}(X = x) \sum_y y \cdot \mathbb{P}(Y = y) = \mathbb{E}(X)\mathbb{E}(Y).$$

$\square$

1.3 Markov-Ketten

Nach der Einführung grundlegender Begriffe und Ergebnisse aus der Wahrscheinlichkeitslehre werden nun kurz Zufallsprozesse, auch stochastische Prozesse genannt, behandelt. Sie erlauben eine Beschreibung zeitlich geordneter zufälliger Ereignisse. Zufallsprozesse treten unter anderem als Verzweigungsprozesse bei selbstreplizierenden Populationen auf, als zufällige Pfade in der Brownschen Molekularbewegung und als Poisson-Prozesse bei radioaktiven Emissionen. Im Folgenden stehen jedoch zeitdiskrete Zufallsprozesse im Vordergrund, welche die Markov-Eigenschaft besitzen. Bei solchen Vorgängen hängt die Zukunft von der Gegenwart, aber nicht von der Vergangenheit ab.

Eine Folge von Zufallsvariablen $X = (X_n)_{n \in \mathbb{N}}$ auf einem gemeinsamen W-Raum $(\Omega, \mathbb{P})$ ist eine *Markov-Kette*, wenn sie die *Markov-Eigenschaft* besitzt, d. h. wenn für alle $n \geq 1$ und $x_1, \ldots, x_n \in \Omega$ gilt

$$\mathbb{P}(X_{n+1} = x_{n+1} \mid X_1 = x_1, \ldots, X_n = x_n)$$
$$= \mathbb{P}(X_{n+1} = x_{n+1} \mid X_n = x_n). \tag{1.39}$$

In einer Markov-Kette ist in Bezug auf den gegenwärtigen Wert $X_n = x_n$ die Zukunft $(X_r)_{r>n}$ unabhängig von der Vergangenheit $(X_s)_{s<n}$. Eine Markov-Kette X heißt *homogen*, wenn für alle Ergebnisse $i, j \in \Omega$ die bedingte Wahrscheinlichkeit $\mathbb{P}(X_{n+1} = j \mid X_n = i)$ unabhängig vom Wert von $n \geq 1$ ist.

Im Folgenden sei der Ergebnisraum Ω endlich und alle Markov-Ketten seien homogen. Einer Markov-Kette X wird eine *Übergangsmatrix* $P = (p_{i,j})_{i,j \in \Omega}$ vermöge der Setzung $p_{i,j} = \mathbb{P}(X_2 = j \mid X_1 = i)$ sowie eine *Anfangsverteilung* $\pi = (\pi_i)_{i \in \Omega}$ anhand $\pi_i = \mathbb{P}(X_1 = i)$ zugewiesen. Aufgrund der Homogenität gilt für alle Ergebnisse $i, j \in \Omega$ und $n \geq 1$

$$p_{i,j} = \mathbb{P}(X_{n+1} = j \mid X_n = i). \tag{1.40}$$

Satz 1.23 *Es sei X eine Markov-Kette mit Übergangsmatrix $P = (p_{i,j})$ und Anfangsverteilung $\pi = (\pi_i)$.*

- *Der Vektor π ist eine Verteilung von Ω, d. h. $\pi_i \geq 0$ für alle $i \in \Omega$ und $\sum_{i \in \Omega} \pi_i = 1$.*
- *Die Übergangsmatrix P ist eine* stochastische *Matrix, d. h. $p_{i,j} \geq 0$ für alle $i, j \in \Omega$ und $\sum_{j \in \Omega} p_{i,j} = 1$ für alle $j \in \Omega$.*

Beweis Jedes π_i ist eine Wahrscheinlichkeit und damit nichtnegativ. Weiter gilt

$$\sum_{i \in \Omega} \pi_i = \sum_{i \in \Omega} \mathbb{P}(X_1 = i) = \mathbb{P}(X_1 \in \Omega) = 1.$$

Jedes $p_{i,j}$ ist eine Wahrscheinlichkeit und daher nichtnegativ. Ferner gilt

$$\sum_{j \in \Omega} p_{i,j} = \sum_{i \in \Omega} \mathbb{P}(X_2 = j \mid X_1 = i) = \mathbb{P}(X_2 \in \Omega \mid X_1 = i) = 1.$$

$\square$

Eine Übergangsmatrix besitzt stets nichtnegative Einträge und alle Zeilensummen sind gleich 1.

Satz 1.24 *Ist X eine Markov-Kette mit Übergangsmatrix $P = (p_{i,j})$ und Anfangsverteilung $\pi = (\pi_i)$, dann gilt für alle $n \geq 1$ und $x_1, \ldots, x_n \in \Omega$*

$$\mathbb{P}(X_1 = x_1, \ldots, X_n = x_n) = \pi_{x_1} p_{x_1,x_2} \cdots p_{x_{n-1},x_n}. \tag{1.41}$$

Beweis Für jedes $1 \leq k \leq n$ bezeichne A_k das Ereignis $\{X_k = x_k\}$. Dann gilt

$$\mathbb{P}(X_1 = x_1, \ldots, X_n = x_n) = \mathbb{P}(A_1 \cap A_2 \cap \ldots \cap A_n).$$

Im Falle $n = 1$ gilt $\mathbb{P}(X_1 = x_1) = \pi_{x_1}$. Im Falle $n \geq 1$ gilt vermöge (1.10) und der Markov-Eigenschaft

$$\mathbb{P}(A_1 \cap A_2 \cap \ldots \cap A_n \cap A_{n+1}) = \mathbb{P}(A_1 \cap A_2 \cap \ldots \cap A_n) \cdot \mathbb{P}(A_{n+1} \mid A_1 \cap A_2 \cap \ldots \cap A_n)$$
$$= \mathbb{P}(A_1 \cap A_2 \cap \ldots \cap A_n) \cdot \mathbb{P}(A_{n+1} \mid A_n).$$

Nach Induktion gilt $\mathbb{P}(A_1 \cap A_2 \cap \ldots \cap A_n) = \pi_{x_1} p_{x_1,x_2} \cdots p_{x_{n-1},x_n}$ und mit $\mathbb{P}(A_{n+1} \mid A_n) = p_{x_n,x_{n+1}}$ folgt die Behauptung. $\square$

Es sei X eine Markov-Kette mit der Übergangsmatrix $P = (p_{i,j})$. Die Elemente $p_{i,j}$ heißen *einstufige Übergangswahrscheinlichkeiten*. Die *n-stufigen Übergangswahrscheinlichkeiten* sind gegeben durch

$$p_{i,j}(n) = \mathbb{P}(X_{n+1} = j \mid X_1 = i), \quad n \geq 1. \tag{1.42}$$

Diese Wahrscheinlichkeiten werden in der *n-stufigen Übergangsmatrix* $P(n) = (p_{i,j}(n))$ zusammengefasst. Insbesondere gilt $P(1) = P$.

Satz 1.25 *Ist X eine Markov-Kette mit Übergangsmatrix $P = (p_{i,j})$, dann gilt für alle $n \geq 1$ und $i, j \in \Omega$*

$$p_{i,j}(n) = \sum_{x_1,\ldots,x_{n-1} \in \Omega} p_{i,x_1} p_{x_1,x_2} \cdots p_{x_{n-1},j}. \tag{1.43}$$

Beweis Im Falle $n = 1$ gilt $p_{i,j}(1) = p_{i,j}$. Im Falle $n \geq 1$ ergibt sich

$$p_{i,j}(n+1) = \mathbb{P}(X_{n+2} = j \mid X_1 = i) = \sum_{k \in \Omega} \mathbb{P}(X_{n+2} = j \mid X_{n+1} = k)\mathbb{P}(X_{n+1} = k \mid X_1 = i),$$

also $p_{i,j}(n+1) = \sum_{k \in \Omega} p_{k,j} p_{i,k}(n)$. Nach Induktion gilt $p_{i,k}(n) = \sum_{x_1,...,x_{n-1} \in \Omega} p_{i,x_1} p_{x_1,x_2} \cdots p_{x_{n-1},k}$. Daher hat $p_{i,j}(n+1)$ die angegebene Gestalt. $\square$

Satz 1.26 *Ist X eine Markov-Kette mit Übergangsmatrix P und Anfangsverteilung π, dann gilt für jedes $n \geq 1$*

- *Für die n-stufige Übergangsmatrix von X gilt $P(n) = P^n$.*
- *Die Zufallsvariable X_n hat die Verteilung πP^{n-1}, wobei $P^0 = I$ die Einheitsmatrix bezeichnet.*

Beweis Die erste Aussage ergibt sich sofort aus Satz 1.25.
Die Zufallvariable X_1 hat wegen $\mathbb{P}(X_1 = j) = \pi_j$ die Verteilung $\pi = \pi P^0$. Im Falle $n \geq 1$ gilt für die Zufallsvariable X_{n+1}

$$\mathbb{P}(X_{n+1} = j) = \sum_{i,x_1,...,x_{n-1} \in \Omega} \mathbb{P}(X_1 = i, X_2 = x_1, \ldots, X_n = x_{n-1}, X_{n+1} = j)$$

und damit aufgrund der Sätze 1.24 und 1.25 $\mathbb{P}(X_{n+1} = j) = \sum_{i \in \Omega} \pi_i p_{i,j}(n)$. Also hat X_{n+1} vermöge des ersten Resultats die Verteilung πP^n. $\square$

Beispiel 1.27 Es sei $\Omega = \{1, 2\}$ der Ergebnisraum und die Übergangsmatrix mit $0 < a, b < 1$ sei gegeben durch

$$P = \begin{pmatrix} 1-a & a \\ b & 1-b \end{pmatrix}.$$

Die Eigenwerte der Matrix P können durch Lösen der charakteristischen Gleichung $\det(P - \lambda I) = 0$ ermittelt werden, also $(1-a-\lambda)(1-b-\lambda) - ab = 0$. Die Nullstellen sind $\lambda_1 = 1$ und $\lambda_2 = 1 - a - b$. Die Matrix P ist ähnlich zur Diagonalmatrix der Eigenwerte von P

$$P = U \begin{pmatrix} 1 & 0 \\ 0 & 1-a-b \end{pmatrix} U^{-1},$$

wobei die Spalten der regulären Matrix U durch die Eigenvektoren von P gegeben sind

$$U = \begin{pmatrix} 1 & -\frac{a}{b} \\ 1 & 1 \end{pmatrix}.$$

Dann gilt für die n-te Potenz der Matrix P

$$P^n = U \begin{pmatrix} 1 & 0 \\ 0 & (1-a-b)^n \end{pmatrix} U^{-1} = \frac{1}{a+b} \begin{pmatrix} b+a(1-a-b)^n & a-a(1-a-b)^n \\ b-b(1-a-b)^n & a+b(1-a-b)^n \end{pmatrix}.$$

Im Falle $n \to \infty$ ergibt sich wegen $(1-a-b)^n \to 0$ sofort

$$P^n \to \frac{1}{a+b} \begin{pmatrix} b & a \\ b & a \end{pmatrix},$$

also

$$p_{i,1}(n) \to \frac{b}{a+b} \quad \text{und} \quad p_{i,2}(n) \to \frac{a}{a+b}, \quad i = 1, 2.$$

Die Verteilung von X_n besitzt also für $n \to \infty$ eine Grenzverteilung, die von der Anfangsverteilung unabhängig ist.   □

Vollständig beobachtetes Hidden-Markov-Modell

2

Zu Beginn dieses Kapitels wird das Hidden-Markov-Modell in seiner allgemeinen Form eingeführt. Das Ziel dieses Kapitels ist die Schätzung der Parameter in einem Hidden-Markov-Modell mit vollständig beobachteten Zuständen. Das stochastische Modell des gelegentlich unehrlichen Münzspielers dient hierbei als laufendes Beispiel. In diesem Modell kann der Betrachter sowohl den Ausgang (Kopf oder Zahl) als auch die geworfene Münze (fair oder gezinkt) einsehen. Die Parameterschätzung der Übergangswahrscheinlichkeiten wird mit analytischen und informationstheoretischen Mitteln vorgenommen.

2.1 Das Hidden-Markov-Modell

Ein Hidden-Markov-Modell ist durch zwei zeitdiskrete Zufallsprozesse $X = (X_n)_{n \in \mathbb{N}}$ und $Y = (Y_n)_{n \in \mathbb{N}}$ gegeben, die miteinander in Beziehung stehen.

Der erste Prozess X ist eine homogene Markov-Kette über dem Alphabet $\Sigma = \{1, \ldots, l\}$ und besitzt für alle $n \geq 1$ die Markov-Eigenschaft

$$\mathbb{P}(X_{n+1} = x_{n+1} \mid X_1 = x_1, \ldots, X_n = x_n, Y_1 = y_1, \ldots, Y_n = y_n)$$
$$= \mathbb{P}(X_{n+1} = x_{n+1} \mid X_n = x_n), \tag{2.1}$$

wobei $x_1, \ldots, x_{n+1} \in \Sigma$ und $y_1, \ldots, y_n \in \Omega$. Der neue Wert dieses Prozesses hängt also nur von seinem gegenwärtigen Wert ab. Die Übergangswahrscheinlichkeiten sind für alle $n \geq 1$ festgelegt durch

$$p_{i,j} = \mathbb{P}(X_{n+1} = j \mid X_n = i), \quad 1 \leq i, j \leq l. \tag{2.2}$$

© Der/die Autor(en), exklusiv lizenziert an Springer-Verlag GmbH, DE, ein Teil von Springer Nature 2022
K.-H. Zimmermann, *Das Hidden-Markov-Modell, essentials*,
https://doi.org/10.1007/978-3-662-65968-7_2

Die Übergangsmatrix $P = (p_{i,j}) \in \mathbb{R}^{l \times l}$ heißt *Zustandsmatrix* und die Elemente von Σ werden *Zustände* genannt.

Der zweite Prozess Y ist eine homogene Markov-Kette über dem Alphabet $\Omega = \{1, \ldots, m\}$ und hat für alle $n \geq 1$ die Markov-Eigenschaft

$$\mathbb{P}(Y_n = y_n \mid X_1 = x_1, \ldots, X_n = x_n, Y_1 = y_1, \ldots, Y_{n-1} = y_{n-1})$$
$$= \mathbb{P}(Y_n = y_n \mid X_n = x_n), \tag{2.3}$$

wobei $x_1, \ldots, x_n \in \Sigma$ und $y_1, \ldots, y_n \in \Omega$. Der gegenwärtige Wert dieses Prozesses hängt demnach nur vom aktuellen Wert des ersten Prozesses ab. Die Übergangswahrscheinlichkeiten sind für alle $n \geq 1$ gegeben durch

$$q_{i,k} = \mathbb{P}(Y_n = k \mid X_n = i), \quad 1 \leq i \leq l,\ 1 \leq k \leq m. \tag{2.4}$$

Die Matrix $Q = (q_{i,k}) \in \mathbb{R}^{l \times m}$ heißt *Ausgabematrix* und die Elemente von Ω werden als *Ausgaben* (auch *Beobachtungen* oder *Emissionen*) bezeichnet.

Zudem gibt es eine Anfangsverteilung $\pi = (\pi_1, \ldots, \pi_l)$ der Zustände mit $\pi_i = \mathbb{P}(X_1 = i)$ für alle $1 \leq i \leq l$.

Ein *Hidden-Markov-Modell* (kurz *HMM*) ist definiert durch das Quintupel $M = (\Sigma, \Omega, P, Q, \pi)$.

Satz 2.1 *Ist* $M = (\Sigma, \Omega, P, Q, \pi)$ *ein HMM, dann gilt für alle* $n \geq 1$ *mit* $x_1, \ldots, x_n \in \Sigma$ *und* $y_1, \ldots, y_n \in \Omega$

$$\mathbb{P}(X_1 = x_1, \ldots, X_n = x_n, Y_1 = y_1, \ldots, Y_n = y_n)$$
$$= \pi_{x_1} p_{x_1, x_2} \cdots p_{x_{n-1}, x_n} q_{x_1, y_1} \cdots q_{x_n, y_n}. \tag{2.5}$$

Beweis Für jedes $1 \leq k \leq n$ bezeichne A_k das Ereignis $\{X_k = x_k\}$ und B_k das Ereignis $\{Y_k = y_k\}$. Dann gilt

$$\mathbb{P}(X_1 = x_1, \ldots, X_n = x_n, Y_1 = y_1, \ldots, Y_n = y_n) = \mathbb{P}(A_1 \cap \ldots \cap A_n \cap B_1 \cap \ldots \cap B_n).$$

Im Falle $n = 1$ gilt mit (1.10)

$$\mathbb{P}(X_1 = x_1, Y_1 = y_1) = \mathbb{P}(A_1 \cap B_1) = \mathbb{P}(A_1) \cdot \mathbb{P}(B_1 \mid A_1) = \pi_{x_1} q_{x_1, y_1}.$$

Im Falle $n \geq 1$ folgt mit (1.10) und den Eigenschaften der Ketten

$\mathbb{P}(A_1 \cap \ldots \cap A_{n+1} \cap B_1 \cap \ldots \cap B_{n+1})$

$= \mathbb{P}(A_1 \cap \ldots \cap A_n \cap A_{n+1} \cap B_1 \cap \ldots \cap B_n) \cdot \mathbb{P}(B_{n+1} \mid A_1 \cap \ldots \cap A_n \cap A_{n+1} \cap B_1 \cap \ldots \cap B_n)$

$= \mathbb{P}(A_1 \cap \ldots \cap A_n \cap A_{n+1} \cap B_1 \cap \ldots \cap B_n) \cdot \mathbb{P}(B_{n+1} \mid A_{n+1})$ nach (2.3)

$= \mathbb{P}(A_1 \cap \ldots \cap A_n \cap B_1 \cap \ldots \cap B_n) \cdot \mathbb{P}(A_{n+1} \mid A_1 \cap \ldots \cap A_n \cap B_1 \cap \ldots \cap B_n) \cdot \mathbb{P}(B_{n+1} \mid A_{n+1})$

$= \mathbb{P}(A_1 \cap \ldots \cap A_n \cap B_1 \cap \ldots \cap B_n) \cdot \mathbb{P}(A_{n+1} \mid A_n) \cdot \mathbb{P}(B_{n+1} \mid A_{n+1})$ nach (2.1).

Nach Induktion gilt $\mathbb{P}(A_1 \cap \ldots \cap A_n \cap B_1 \cap \ldots \cap B_n) = \pi_{x_1} p_{x_1,x_2} \cdots p_{x_{n-1},x_n} q_{x_1,y_1} \cdots q_{x_n,y_n}$ und mit $\mathbb{P}(A_{n+1} \mid A_n) = p_{x_n,x_{n+1}}$ sowie $\mathbb{P}(B_{n+1} \mid A_{n+1}) = q_{x_{n+1},y_{n+1}}$ folgt die Behauptung.
$\square$

Im Folgenden wird die gemeinsame Verteilung (2.5) kürzer ausgedrückt durch

$$p_{X,Y}^{(n)}(x_1, \ldots, x_n, y_1, \ldots, y_n)$$
$$= \mathbb{P}(X_1 = x_1, \ldots, X_n = x_n, Y_1 = y_1, \ldots, Y_n = y_n). \qquad (2.6)$$

Dieses Produkt besteht nach (2.5) aus $2n$ Faktoren, genauer aus einem Faktor für die Anfangsverteilung, $n - 1$ Faktoren für die Zustandsübergänge und n Faktoren für die Ausgaben. Im Folgenden wird als Anfangsverteilung π einer HMM stets die *Gleichverteilung* angenommen

$$\pi_i = \frac{1}{|\Sigma|} = \frac{1}{l}, \quad 1 \le i \le l. \qquad (2.7)$$

Das stochastische Modell des gelegentlich unerehrlichen Münzspielers dient als laufendes Beispiel für ein einfaches HMM.

Beispiel 2.2 Ein Spieler (Zocker) führt eine Folge von Münzwürfen durch und hat bei jedem Wurf die Wahl zwischen einer von zwei Münzen. Die Münzen seien nach außen ununterscheidbar, eine Münze sei fair und die andere gezinkt.

Die faire Münze (F) liefert Kopf (h, englisch „head") und Zahl (t, englisch „tail") mit gleicher Wahrscheinlichkeit, während die gezinkte Münze (L, englisch „loaded") Kopf (h) mit Wahrscheinlichkeit $\frac{3}{5}$ und Zahl (t) mit Wahrscheinlichkeit $\frac{2}{5}$ zeigt. Beim Übergang zum nächsten Münzwurf bleibt der Spieler bei der fairen Münze mit Wahrscheinlichkeit $\frac{2}{3}$ und bei der gezinkten Münze mit Wahrscheinlichkeit $\frac{4}{5}$. Also sind die bedingten Wahrscheinlichkeiten für den Übergang von einer Münze zur nächsten durch $p(F|F) = \frac{2}{3}, p(L|F) = 1 - p(F|F) = \frac{1}{3}$, $p(L|L) = \frac{4}{5}$ und $p(F|L) = 1 - p(L|L) = \frac{1}{5}$ gegeben sowie die bedingten Wahrscheinlichkeiten für den Ausgang eines Münzwurfs anhand $p(h|F) = \frac{1}{2} = p(t|F), p(h|L) = \frac{3}{5}$ und $p(t|L) = 1 - p(h|L) = \frac{2}{5}$ definiert. Dieses statistische Modell wird durch das Diagramm in Abb. 2.1 beschrieben.

Ein Münzwurf soll mehrfach hintereinander durchgeführt werden. Dazu wählt der Spieler mit gleicher Wahrscheinlichkeit (Start) eine der beiden Münzen und macht den ersten Wurf.

Abb. 2.1 Diagramm eines
Münzwurfs.

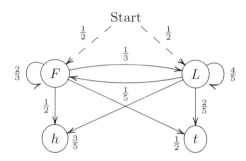

Dann kann er entweder die Münze erneut werfen oder die Münze wechseln und mit dieser
fortfahren. Dadurch entsteht ein Zufallsprozess. Hierbei können zwei Fälle unterschieden
werden. In einer Aufwärmphase könnte der Spieler den Beobachter dahingehend teilhaben
lassen, dass er oder sie auch die Wahl der geworfenen Münze öffentlich macht. Dies liefert
einen Zufallsprozess mit vollständig beobachteten Zuständen (faire oder gezinkte Münze). Zu
einem späteren Zeitpunkt könnte er die Wahl der zu werfenden Münze vor dem Beobachter
verbergen. Dies führt zu einem Zufallsprozess mit vollständig unbeobachteten Zuständen
und liefert ein hervorragendes Beispiel für ein einfaches HMM. Beide Vorgänge werden im
Folgenden näher untersucht.

Das HMM dieses Münzspiels besitzt die Zustandsmenge $\Sigma = \{F, L\}$ und die Ausgabemenge $\Omega = \{h, t\}$. Die Übergangs- und Ausgabematrix ergeben sich aus Abb. 2.1

$$P = \begin{matrix} F \\ L \end{matrix} \begin{pmatrix} \frac{2}{3} & \frac{1}{3} \\ \frac{1}{5} & \frac{4}{5} \end{pmatrix} \quad \text{und} \quad Q = \begin{matrix} F \\ L \end{matrix} \begin{pmatrix} \frac{1}{2} & \frac{1}{2} \\ \frac{3}{5} & \frac{2}{5} \end{pmatrix}. \tag{2.8}$$

Die Anfangsverteilung π sei die Gleichverteilung, d. h. $\pi_F = \pi_L = \frac{1}{2}$. Beispielsweise ergibt
sich für die Zustandsfolge $FFLF$ und die Ausgabefolge $tthh$ nach (2.5) die gemeinsame
Wahrscheinlichkeit

$$\begin{aligned} p_{X,Y}^{(4)}(FFLF, tthh) &= \pi_F \cdot p_{F,F} \cdot p_{F,L} \cdot p_{L,F} \cdot q_{F,t} \cdot q_{F,t} \cdot q_{L,h} \cdot q_{F,h} \\ &= \frac{1}{2} \cdot \frac{2}{3} \cdot \frac{1}{3} \cdot \frac{1}{5} \cdot \frac{1}{2} \cdot \frac{1}{2} \cdot \frac{3}{5} \cdot \frac{1}{2} = \frac{1}{600}. \end{aligned}$$

Dies ist die Wahrscheinlichkeit, dass zuerst die faire Münze zweimal mit jeweiligem Ausgang
t geworfen wurde, dann die gezinkte Münze mit Ausgang h und schließlich wiederum die
faire Münze mit Ausgang h.   □

Mit einem Hidden-Markov-Modell können Probleme bewältigt werden, bei denen
aus einer Folge von Beobachtungen auf die wahrscheinlichste zustandsspezifi-
sche Beschreibung geschlossen werden soll. In der Spracherkennung entspricht

die gesprochene Sprache dem beobachtbaren Vorgang und der Zustandsprozess den Phonemen der Sprache. Die Phonemfolge, die mit höchster Wahrscheinlichkeit zur gesprochenen Sprache passt, wird mit dem bekannten Viterbi-Algorithmus berechnet. Heute besitzt das Hidden-Markov-Modell wichtige Anwendungen in den Bereichen Bioinformatik, Computerlinguistik, Maschinenlernen und Signalverarbeitung. Dieser Text stammt aus Vorlesungen zu algebraischer Statistik und maschinellem Lernen, die ich in den letzten Jahren an der TU Hamburg für Masterstudierende der Informatik gehalten habe.

2.2 Stichprobenraum

In einem HMM mit vollständig beobachteten Zuständen kann der Betrachter sowohl die Folge der Zustände als auch die entsprechende Folge der Ausgänge beobachten. Um dieses Modell zu konkretisieren, findet die Beobachtung in Form von Runden statt. Eine *Runde* besteht aus einer Folge von $n \geq 1$ aufeinanderfolgenden Münzwürfen. Genauer gesagt ist eine Runde ein Produktexperiment $(X_1, \ldots, X_n, Y_1, \ldots, Y_n)$. In einer Runde notiert der Beobachter die Zustandsfolge $x = x_1 \ldots x_n \in \Sigma^n$ und die dazu korrespondierende Ausgabefolge $y = y_1 \ldots y_n \in \Omega^n$. Die gemeinsame Wahrscheinlichkeit für das Paar aus Zuständen und Ausgaben $(x, y) = (x_1 \ldots x_n, y_1 \ldots y_n)$ ist nach (2.6) durch $p_{X,Y}^{(n)}(x_1 \ldots x_n, y_1 \ldots y_n)$ gegeben.

Für die folgende Parameterschätzung werden die Übergangswahrscheinlichkeiten durch Unbestimmte ersetzt

$$\theta_{i,j} = p_{i,j}, \quad i, j \in \Sigma, \tag{2.9}$$

$$\lambda_{i,k} = q_{i,k}, \quad i \in \Sigma, \; k \in \Omega. \tag{2.10}$$

Die gemeinsame Wahrscheinlichkeit $p_{X,Y}^{(n)}$ lässt sich dann schreiben in der Form

$$p_{X,Y|\Theta,\Lambda}^{(n)}(x_1 \ldots x_n, y_1 \ldots y_n \mid \theta, \lambda) \tag{2.11}$$

$$= \frac{1}{l} \cdot \theta_{x_1,x_2} \cdots \theta_{x_{n-1},x_n} \cdot \lambda_{x_1,y_1} \cdots \lambda_{x_n,y_n},$$

wobei

$$\Theta = \left\{ \theta \in \mathbb{R}^{l \times l} \mid \theta \geq 0, \sum_{j \in \Sigma} \theta_{i,j} = 1, i \in \Sigma \right\} \tag{2.12}$$

und

$$\Lambda = \left\{ \lambda \in \mathbb{R}^{l \times m} \mid \lambda \geq 0, \sum_{k \in \Omega} \lambda_{i,k} = 1, i \in \Sigma \right\} \qquad (2.13)$$

den gemeinsamen Parameterraum repräsentieren.
Eine Stichprobe besteht aus N unabhängig voneinander durchgeführten Runden

$$D = (d_1, \ldots, d_N), \qquad (2.14)$$

wobei jeder Eintrag $d_k \in \Sigma^n \times \Omega^n$ eine Runde darstellt. Im Folgenden bezeichne $u_{x,y}$ die Vielfachheit des Vorkommens der Runde $(x, y) \in \Sigma^n \times \Omega^n$ in der Stichprobe. Dann gilt für die Gesamtzahl der Runden

$$\sum_{x \in \Sigma^n, y \in \Omega^n} u_{x,y} = N. \qquad (2.15)$$

Angestrebt wird eine Maximum-Likelihood-Schätzung der Stichprobe. Diese Schätzung wird vorgenommen mithilfe der *Likelihood-Funktion*

$$L_{X,Y}(\theta, \lambda) = \prod_{k=1}^{N} p_{X,Y|\Theta,\Lambda}^{(n)}(d_k \mid \theta, \lambda) \qquad (2.16)$$

$$= \prod_{x \in \Sigma^n, y \in \Omega^n} p_{X,Y|\Theta,\Lambda}^{(n)}(x, y \mid \theta, \lambda)^{u_{x,y}},$$

wobei davon ausgegangen wird, dass die einzelnen Runden voneinander unabhängig sind.

Beispiel 2.3 Im gelegentlich unehrlichen Münzspiel mit Runden die Länge $n = 4$ könnte der Betrachter etwa $N = 9$ Runden beobachtet haben

$$\begin{aligned}
&d_1 = FFFF, hhhh, \quad d_2 = FFFL, hhtt, \quad d_3 = FFFF, hhhh, \\
&d_4 = FFFL, hhtt, \quad d_5 = FFFF, hhhh, \quad d_6 = FFFL, hhtt, \\
&d_7 = LLLL, hhtt, \quad d_8 = LLLL, tthh, \quad d_9 = FLFL, thth.
\end{aligned}$$

Dann ergeben sich folgende Vielfachheiten

$$u_{FFFF,hhhh} = 3, \ u_{FFFL,hhtt} = 3, \ u_{LLLL,hhtt} = 1, \ u_{LLLL,tthh} = 1, \ u_{FLFL,thth} = 1;$$

die restlichen Vielfachheiten sind 0. Die Likelihood-Funktion hat dann die Form

$$L_{X,Y}(\theta, \lambda) = p^{(4)}_{X,Y|\Theta,\Lambda}(FFFF, hhhh \mid \theta, \lambda)^3 \cdot p^{(4)}_{X,Y|\Theta,\Lambda}(FFFL, hhtt \mid \theta, \lambda)^3$$

$$\cdot p^{(4)}_{X,Y|\Theta,\Lambda}(LLLL, hhtt \mid \theta, \lambda) \cdot p^{(4)}_{X,Y|\Theta,\Lambda}(LLLL, tthh \mid \theta, \lambda)$$

$$\cdot p^{(4)}_{X,Y|\Theta,\Lambda}(FLFL, thth \mid \theta, \lambda)$$

$$= \left(\frac{1}{2}\theta^3_{F,F}\lambda^4_{F,h}\right)^3 \cdot \left(\frac{1}{2}\theta^2_{F,F}\theta_{F,L}\lambda^2_{F,h}\lambda_{F,t}\lambda_{L,t}\right)^3$$

$$\cdot \left(\frac{1}{2}\theta^3_{L,L}\lambda^2_{L,h}\lambda^2_{L,t}\right) \cdot \left(\frac{1}{2}\theta^3_{L,L}\lambda^2_{L,h}\lambda^2_{L,t}\right) \cdot \left(\frac{1}{2}\theta^2_{F,L}\theta_{L,F}\lambda^2_{F,t}\lambda^2_{L,h}\right)$$

$$= \frac{1}{2^9} \cdot \theta^{15}_{F,F} \cdot \theta^5_{F,L} \cdot \theta^1_{L,F} \cdot \theta^6_{L,L} \cdot \lambda^{18}_{F,h} \cdot \lambda^5_{F,t} \cdot \lambda^6_{L,h} \cdot \lambda^7_{L,t}.$$

In diesen Runden kommen die Zustandsübergänge F nach F 15-mal, F nach L fünfmal, L nach F einmal und L nach L sechsmal vor. Im Zustand F werden h 18-mal und t fünfmal ausgegeben, während im Zustand L h sechsmal und t siebenmal beobachtet werden. □

Wie im obigen Beispiel angedeutet, besitzt die Likelihood-Funktion (2.16) nach Ausmultiplizieren der Rundenwahrscheinlichkeiten die Form

$$L_{X,Y}(\theta, \lambda) = \frac{1}{2^N} \prod_{i,j \in \Sigma} \theta^{v_{i,j}}_{i,j} \prod_{i \in \Sigma, k \in \Omega} \lambda^{w_{ik}}_{i,k}, \tag{2.17}$$

wobei die Multiplizitäten der Parameter durch die oben skizzierte Zählung über alle beobachteten Runden bestimmt wird. Genauer ist $v_{i,j}$ die Anzahl der Auftreten aufeinanderfolgender Zustände $(i, j) \in \Sigma^2$ und $w_{i,k}$ die Zahl der Vorkommen der Ausgabe $k \in \Omega$ im Zustand $i \in \Sigma$.

Die *Loglikelihood-Funktion* $\ell_{X,Y}(\theta, \lambda) = \log L_{X,Y}(\theta, \lambda)$ hat nach (2.17) die Gestalt

$$\ell_{X,Y}(\theta, \lambda) = \sum_{i,j \in \Sigma} v_{i,j} \log(\theta_{i,j}) + \sum_{i \in \Sigma, k \in \Omega} w_{i,k} \log(\lambda_{i,k}) - \log 2^N, \tag{2.18}$$

wobei der konstante Term $\log 2^N$ im Folgenden vernachlässigt wird. Als *suffiziente Statistik* des Modells ist die Datenfolge $(v, w) = ((v_{i,j}), (w_{i,k}))$ anzusehen, weil die Likelihood-Funktion durch *diese* Daten festgelegt ist.

Eine Korrelation zwischen der Häufigkeit der Auftreten von Runden u und der suffizienten Statistik (v, w) des Modells wird durch eine lineare Transformation beschrieben

$$(v, w) = A_{(l,m),n} \cdot u, \tag{2.19}$$

wobei $A_{(l,m),n}$ eine ganzzahlige Matrix ist. Diese Matrix has $l \cdot l + l \cdot m$ Zeilen, markiert mit den Paaren $(i, j) \in \Sigma^2$ und $(i, k) \in \Sigma \times \Omega$, und $l^n \cdot m^n$ Spalten, gelabelt mit den Paaren $(x, y) \in \Sigma^n \times \Omega^n$.

Beispiel 2.4 Im gelegentlich unehrlichen Münzspiel mit Runden der Länge $n = 4$ ist $A_{(2,2),4}$ eine 8×256–Matrix, deren Transposierte die folgende Gestalt besitzt

$$
A^T_{(2,2),4} =
\begin{array}{c}
\\
FFFF, hhhh \\
FFFF, hhht \\
FFFF, hhth \\
FFFF, hhtt \\
\vdots \\
LLLL, tttt
\end{array}
\begin{array}{c}
\begin{array}{cccccccc}
FF & FL & LF & LL & Fh & Ft & Lh & Lt
\end{array} \\
\left(
\begin{array}{cccccccc}
3 & 0 & 0 & 0 & 4 & 0 & 0 & 0 \\
3 & 0 & 0 & 0 & 3 & 1 & 0 & 0 \\
3 & 0 & 0 & 0 & 3 & 1 & 0 & 0 \\
3 & 0 & 0 & 0 & 2 & 2 & 0 & 0 \\
\\
0 & 0 & 0 & 3 & 0 & 0 & 0 & 4
\end{array}
\right)
\end{array}.
$$

Die erste Zeile besagt, dass in der Runde $FFFF, hhhh$ drei Zustandsübergänge F nach F auftreten und in diesen Zuständen jeweils h ausgegeben wird. Die zweite Zeile drückt aus, dass in der Runde $FFFF, hhht$ wiederum drei Zustandsübergänge F nach F vorkommen und hierbei h dreimal und t einmal beobachtet werden.   □

2.3   Parameterschätzung

Die Parameterschätzung in einem vollständig beobachteten HMM basiert auf der Likelihood-Funktion (2.16). Die Maximum-Likelihood-Schätzung generiert ein Maximum der Likelihood-Funktion.

Satz 2.5 *Die Maximum-Likelihood-Schätzung der Likelihood-Funktion $L_{X,Y}(\theta, \lambda)$ liefert die maximalen Parameter*

$$
\hat{\theta}_{i,j} = \frac{v_{i,j}}{\sum_{j' \in \Sigma} v_{i,j'}}, \quad i, j \in \Sigma, \tag{2.20}
$$

und

$$
\hat{\lambda}_{i,k} = \frac{w_{i,k}}{\sum_{k' \in \Omega} w_{i,k'}}, \quad i \in \Sigma, k \in \Omega. \tag{2.21}
$$

Beispiel 2.6 Im gelegentlich unehrlichen Münzspiel mit Runden der Länge $n = 4$ ergeben sich nach Beispiel 2.3 mithilfe der suffizienten Statistik $v_{F,F} = 15$, $v_{F,L} = 5$, $v_{L,F} = 1$, $v_{L,L} = 6$ und $w_{F,h} = 18$, $w_{F,t} = 5$, $w_{L,h} = 6$, $w_{L,t} = 7$ die optimalen Parameterwerte

$$\hat{\theta}_{F,F} = \frac{15}{15+5} = \frac{3}{4}, \quad \hat{\theta}_{F,L} = \frac{1}{4}, \quad \hat{\theta}_{L,F} = \frac{1}{1+6} = \frac{1}{7}, \quad \hat{\theta}_{L,L} = \frac{6}{7},$$
$$\hat{\lambda}_{F,h} = \frac{18}{18+5} = \frac{18}{23}, \quad \hat{\lambda}_{F,t} = \frac{5}{23}, \quad \hat{\lambda}_{L,h} = \frac{6}{6+7} = \frac{6}{13}, \quad \hat{\lambda}_{L,t} = \frac{7}{13}.$$

$\square$

Beweis Im ersten Teil des Beweises wird rein analytisch gezeigt, dass der Punkt $(\hat{\theta}, \hat{\lambda}) = ((\hat{\theta}_{i,j}), (\hat{\lambda}_{i,k}))$ ein Optimalpunkt der Likelihood-Funktion oder gleichwertig der Loglikelihood-Funktion ist.

Die Parameter $\theta_{i,1}, \ldots, \theta_{i,l}$ für festes $1 \leq i \leq l$ treten in der Loglikelihood-Funktion $\ell_{X,Y}(\theta, \lambda)$ nur in folgender Teilsumme auf

$$\ell_i(\theta) = \sum_{j=1}^{l} v_{i,j} \log(\theta_{i,j}).$$

Für den Zustand $i \in \Sigma$ gilt $\sum_{j=1}^{l} \theta_{i,j} = 1$ und somit $\theta_{i,l} = 1 - \sum_{j=1}^{l-1} \theta_{i,j}$. Also kann obige Teilsumme wie folgt geschrieben werden

$$\ell_i(\theta) = \sum_{j=1}^{l-1} v_{i,j} \log(\theta_{i,j}) + v_{i,l} \log \left(1 - \sum_{j=1}^{l-1} \theta_{i,j} \right).$$

Die partielle Ableitung der Loglikelihood-Funktion nach $\theta_{i,j}$, $1 \leq j < l$, entspricht der Ableitung der Teilsumme $\ell_i(\theta)$ nach $\theta_{i,j}$

$$\frac{\partial \ell_i(\theta)}{\partial \theta_{i,j}} = \frac{v_{i,j}}{\theta_{i,j}} - \frac{v_{i,l}}{1 - \sum_{k=1}^{l-1} \theta_{i,k}}.$$

Durch Nullsetzen ergibt sich wie angegeben die optimale Zustandsübergangswahrscheinlichkeit $\hat{\theta}_{i,j}$. Auf ähnliche Weise werden die optimalen Ausgabewahrscheinlichkeiten $\hat{\lambda}_{i,k}$ ermittelt. Folglich ist $(\hat{\theta}, \hat{\lambda}) = ((\hat{\theta}_{i,j}), (\hat{\lambda}_{i,k}))$ ein Optimalpunkt der Likelihood-Funktion.

Im zweiten Teil wird mit Mitteln der Informationstheorie gezeigt, dass dieser Punkt ein Maximum der Likelihood-Funktion darstellt. Es gilt

$$
\begin{aligned}
\ell_{X,Y}(\theta,\lambda) &= \sum_{i\in\Sigma}\sum_{j\in\Sigma} v_{i,j}\log\theta_{i,j} + \sum_{i\in\Sigma}\sum_{k\in\Omega} w_{i,k}\log\lambda_{i,k}\\
&= \sum_{i\in\Sigma}\sum_{j\in\Sigma}\sum_{j'\in\Sigma} v_{i,j'}\hat{\theta}_{i,j}\log\theta_{i,j} + \sum_{i\in\Sigma}\sum_{k\in\Omega}\sum_{k'\in\Omega} w_{i,k'}\hat{\lambda}_{i,k}\log\lambda_{i,k} \text{ nach (2.20), (2.21)}\\
&= \sum_{i\in\Sigma} v_i \sum_{j\in\Sigma}\hat{\theta}_{i,j}\log\theta_{i,j} + \sum_{i\in\Sigma} w_i \sum_{k\in\Omega}\hat{\lambda}_{i,k}\log\lambda_{i,k}\\
&= \sum_{i\in\Sigma} v_i\left(\sum_{j\in\Sigma}\hat{\theta}_{i,j}\log\hat{\theta}_{i,j} - \sum_{j\in\Sigma}\hat{\theta}_{i,j}\log\frac{\hat{\theta}_{i,j}}{\theta_{i,j}}\right)\\
&\quad + \sum_{i\in\Sigma} w_i\left(\sum_{k\in\Omega}\hat{\lambda}_{i,k}\log\hat{\lambda}_{i,k} - \sum_{k\in\Omega}\hat{\lambda}_{i,k}\log\frac{\hat{\lambda}_{i,k}}{\lambda_{i,k}}\right)\\
&= \sum_{i\in\Sigma} -v_i\left(H(\hat{\theta}_i) + D(\hat{\theta}_i\|\theta_i)\right) + \sum_{i\in\Sigma} -w_i\left(H(\hat{\lambda}_i) + D(\hat{\lambda}_i\|\lambda_i)\right),
\end{aligned}
$$

wobei $v_i = \sum_{j\in\Sigma} v_{i,j}$, $w_i = \sum_{k\in\Omega} w_{i,k}$, $\theta_i = (\theta_{i,j})_{j\in\Sigma}$, $\lambda_i = (\lambda_{i,k})_{k\in\Omega}$, $\hat{\theta}_i = (\hat{\theta}_{i,j})_{j\in\Sigma}$ und $\hat{\lambda}_i = (\hat{\lambda}_{i,k})_{k\in\Omega}$ für jedes $i\in\Sigma$.

In der letzten Zeile der Gleichung wird die *Entropie* einer Verteilung $\pi = (\pi_1,\dots,\pi_n)$

$$
H(\pi) = -\sum_{i=1}^{n}\pi_i\log(\pi_i) \tag{2.22}
$$

und die *Kullback-Leibler-Divergenz* zweier Verteilungen $\pi = (\pi_1,\dots,\pi_n)$ und $\sigma = (\sigma_1,\dots,\sigma_n)$ verwendet

$$
D(\pi\|\sigma) = \sum_{i=1}^{n}\pi_i\log\left(\frac{\pi_i}{\sigma_i}\right). \tag{2.23}
$$

Die Kullback-Leibler-Divergenz zweier Verteilungen ist nach Satz 2.7 stets nichtnegativ. Daher folgt

$$
\begin{aligned}
\ell_{X,Y}(\theta,\lambda) &\leq -\sum_{i\in\Sigma}\left(v_i H(\hat{\theta}_i) + w_i H(\hat{\lambda}_i)\right)\\
&= \sum_{i\in\Sigma}\left(v_i\sum_{j\in\Sigma}\left(\hat{\theta}_{i,j}\log\hat{\theta}_{i,j}\right) + w_i\sum_{k\in\Omega}\left(\hat{\lambda}_{i,k}\log\hat{\lambda}_{i,k}\right)\right)\\
&= \sum_{i\in\Sigma}\sum_{j\in\Sigma}\sum_{j'\in\Sigma} v_{i,j'}\hat{\theta}_{i,j}\log\hat{\theta}_{i,j} + \sum_{i\in\Sigma}\sum_{k\in\Omega}\sum_{k'\in\Omega} w_{i,k'}\hat{\lambda}_{i,k}\log\hat{\lambda}_{i,k}\\
&= \sum_{i\in\Sigma}\sum_{j\in\Sigma} v_{i,j}\log\hat{\theta}_{i,j} + \sum_{i\in\Sigma}\sum_{k\in\Omega} w_{i,k}\log\hat{\lambda}_{i,k} \quad\text{nach (2.20), (2.21)}\\
&= \ell_{X,Y}(\hat{\theta},\hat{\lambda}).
\end{aligned}
$$

□

Satz 2.7 *Für die Kullback-Leibler-Divergenz zweier Verteilungen* $\pi = (\pi_1, \ldots, \pi_n)$ *und* $\sigma = (\sigma_1, \ldots, \sigma_n)$ *gilt*

$$D(\pi \| \sigma) \geq 0. \tag{2.24}$$

Weiter gilt $D(\pi \| \sigma) = 0$ *genau dann, wenn* $\pi = \sigma$.

Die Kullback-Leibler-Divergenz $D(\pi \| \sigma)$ kann als Erwartungswert der logarithmischen Differenz zwischen den Verteilungen π und σ aufgefasst werden, wobei der Erwartungswert bzgl. der Verteilung π genommen wird.

Beweis Die Jensensche Ungleichung besagt, dass für eine Zufallsvariable X und eine konvexe Funktion $f : \mathbb{R} \to \mathbb{R}$ stets gilt

$$\mathbb{E}(f(X)) \geq f(\mathbb{E}(X)). \tag{2.25}$$

Die Funktion $f(x) = -\log(x)$ ist konvex (Abb. 3.1). Daher folgt

$$D(\pi \| \sigma) = -\sum_{i=1}^{n} \pi_i \log\left(\frac{\sigma_i}{\pi_i}\right) \geq -\log\left(\sum_{i=1}^{n} \pi_i \frac{\sigma_i}{\pi_i}\right) = -\log(1) = 0.$$

Die zweite Aussage ergibt sich durch Induktion nach der Länge der Verteilungen. □

Das gesamte Verfahren zur Parameterschätzung in einem HMM mit vollständig beobachteten Zuständen ist in Prozedur 1 zusammengefasst. Dieses Verfahren wird im Folgenden als Baustein (M-Schritt im EM-Algorithmus) zur Parameterschätzung in einem HMM mit vollständig unbeobachteten Zuständen verwendet.

Prozedur 1 Parameterschätzung.

Eingabe: Hidden-Markov-Modell, $n \geq 1$, Datensatz $u = (u_{x,y}) \in \mathbb{N}^{l^n \times m^n}$
Ausgabe: Maximum-Likelihood-Schätzung $(\theta^*, \lambda^*) \in \Theta \times \Lambda$
    Berechne die suffiziente Statistik (v, w) aus dem Datensatz u mithilfe der Matrix $A_{(l,m),n}$ in (2.19)
    Berechne den Maximalpunkt $(\hat{\theta}, \hat{\lambda}) \in \Theta \times \Lambda$ wie in (2.20), (2.21)
    return $\theta^* \leftarrow \hat{\theta}, \lambda^* \leftarrow \hat{\lambda}$

Hidden-Markov-Modell 3

In diesem Kapitel wird das Hidden-Markov-Modell mit vollständig verdeckten Zuständen untersucht. Dieses Modell besitzt eine ganze Reihe wichtiger Anwendungen, wie etwa bei der Spracherkennung und der Bestimmung von Mustern in DNA-Sequenzen. Im Folgenden werden die beiden zentralen Fragen in einem Hidden-Markov-Modell untersucht, das Inferenzproblem für Ausgabesequenzen und die Parameterschätzung. Als Beispiel dient das gelegentlich unehrliche Münzspiel. Diesmal kann der Betrachter nur den Ausgang eines Münzwurfs (Kopf oder Zahl) einsehen, aber nicht die jeweils geworfene Münze (fair oder verfälscht). Mit dem bekannten Viterbi-Algorithmus kann das Inferenzproblem gelöst werden, d. h. bei gegebener Folge von Münzergebnissen auf die wahrscheinlichste zustandsspezifizierte Beschreibung geschlossen werden. Außerdem wird der EM-Algorithmus zur Schätzung der Übergangswahrscheinlichkeiten in einem Hidden-Markov-Modell kurz vorgestellt. Abgerundet wird das Kapitel durch ein typisches Beispiel, die Detektion von CpG-Inseln in genomischen DNA-Sequenzen.

3.1 Inferenz

In der Informatik bezieht sich Inferenz auf eine Schlussfolgerung, die mithilfe eines Computers abgeleitet wird. Der Viterbi-Algorithmus ist ein Inferenzverfahren, das die wahrscheinlichste zustandsspezifizierte Beschreibung für eine Beobachtungsfolge in einem HMM bestimmt. Das Viterbi-Rechenverfahren wird im Folgenden durch Tropikalisierung der Summenproduktzerlegung der Randverteilung der Ausgabevariablen hergeleitet. Für das Konzept der Tropikalisierung werden Halbringe eingeführt.

Summenproduktzerlegung

Die Grundlage des angestrebten Inferenzverfahrens in einem HMM bildet die Summenproduktzerlegung der Randverteilung der Ausgabevariablen.

Es sei $M = (\Sigma, \Omega, P, Q, \pi)$ ein HMM und $n \geq 1$ eine natürliche Zahl. Die gemeinsame Verteilung eines Zustands- und Ausgabepaares $(x, y) = (x_1 \ldots x_n, y_1 \ldots y_n) \in \Sigma^n \times \Omega^n$ ist in (2.6) angegeben. Die Wahrscheinlichkeit der Ausgabefolge $y = y_1 \ldots y_n$ ist dann durch die folgende *Randverteilung* definiert

$$p_Y^{(n)}(y_1, \ldots, y_n) = \sum_{x_1, \ldots, x_n \in \Sigma} p_{X,Y}^{(n)}(x_1, \ldots, x_n, y_1, \ldots, y_n) \qquad (3.1)$$

$$= \frac{1}{l} \sum_{x_1 \in \Sigma} \cdots \sum_{x_n \in \Sigma} p_{x_1,x_2} \cdots p_{x_{n-1},x_n} q_{x_1,y_1} \cdots q_{x_n,y_n}.$$

Die Berechnung dieses Ausdrucks erfolgt in $O(nl^n)$ Schritten, da er aus l^n Termen besteht und jeder Term $2n$ Faktoren besitzt.

Die Randverteilung (3.1) hat bei sukzessiver Anwendung der Distributivität folgende *Summenproduktzerlegung*

$$p_Y^{(n)}(y_1, \ldots, y_n) = \qquad (3.2)$$

$$\frac{1}{l} \sum_{x_n \in \Sigma} q_{x_n,y_n} \left(\sum_{x_{n-1} \in \Sigma} p_{x_{n-1},x_n} q_{x_{n-1},y_{n-1}} \left(\cdots \left(\sum_{x_2 \in \Sigma} p_{x_2,x_3} q_{x_2,y_2} \left(\sum_{x_1 \in \Sigma} p_{x_1,x_2} q_{x_1,y_1} \right) \right) \cdots \right) \right).$$

Die Randverteilung $p_Y^{(n)}(y_1, \ldots, y_n)$ kann vermöge dieses Klammergebirges anhand einer Tabelle M mit $(n + 1) \times l$ Einträgen ausgewertet werden

$$M[0, x] = 1, \quad x \in \Sigma,$$

$$M[k, x] = \sum_{x_k \in \Sigma} p_{x_k,x} \cdot q_{x_k,y_k} \cdot M[k - 1, x_k],$$

$$x \in \Sigma, \ 1 \leq k \leq n - 1, \qquad (3.3)$$

$$M[n, x] = q_{x,y_n} \cdot M[n - 1, x], \quad x \in \Sigma,$$

$$p_Y^{(n)}(y_1, \ldots, y_n) = \frac{1}{l} \sum_{x_n \in \Sigma} M[n, x_n].$$

Diese Tabelle wird in $O(l^2 n)$ Schritten berechnet, weil die Tabelle $O(ln)$ Einträge besitzt und jeder Eintrag $O(l)$ Schritte erfordert.

Beispiel 3.1 Im gelegentlich unehrlichen Münzspiel mit Runden der Länge $n = 4$ ergibt sich folgende Summenproduktzerlegung der Randverteilung der Ausgabevariablen

$$p_Y^{(4)}(y_1, \ldots, y_4) = \frac{1}{l} \sum_{x_4 \in \Sigma} q_{x_4, y_4} \left(\sum_{x_3 \in \Sigma} p_{x_3, x_4} q_{x_3, y_3} \right. \quad (3.4)$$
$$\left. \left(\sum_{x_2 \in \Sigma} p_{x_2, x_3} q_{x_2, y_2} \left(\sum_{x_1 \in \Sigma} p_{x_1, x_2} q_{x_1, y_1} \right) \right) \right).$$

Diese Zerlegung kann wie folgt berechnet werden

$$M[0, x] = 1, \quad x \in \Sigma,$$
$$M[1, x] = \sum_{x_1 \in \Sigma} p_{x_1, x} \cdot q_{x_1, y_1} \cdot M[0, x_1], \quad x \in \Sigma,$$
$$M[2, x] = \sum_{x_2 \in \Sigma} p_{x_2, x} \cdot q_{x_2, y_2} \cdot M[1, x_2], \quad x \in \Sigma, \quad (3.5)$$
$$M[3, x] = \sum_{x_3 \in \Sigma} p_{x_3, x} \cdot q_{x_3, y_3} \cdot M[2, x_3], \quad x \in \Sigma,$$
$$M[4, x] = q_{x, y_4} \cdot M[3, x], \quad x \in \Sigma,$$
$$p_Y^{(4)}(y_1, \ldots, y_4) = \frac{1}{l} \sum_{x_4 \in \Sigma} M[4, x_4].$$

Für die Ausgabefolge $y = tthh$ ergibt sich folgende Rechnung

$$M[1, F] = \left(M[0, F] \cdot p_{F, F} \cdot q_{F, t} \right) + \left(M[0, L] \cdot p_{L, F} \cdot q_{L, t} \right)$$
$$= \left(1 \cdot \frac{2}{3} \cdot \frac{1}{2} \right) + \left(1 \cdot \frac{1}{5} \cdot \frac{2}{5} \right) = \frac{31}{75},$$
$$M[1, L] = \left(M[0, F] \cdot p_{F, L} \cdot q_{F, t} \right) + \left(M[0, L] \cdot p_{L, L} \cdot q_{L, t} \right)$$
$$= \left(1 \cdot \frac{1}{3} \cdot \frac{1}{2} \right) + \left(1 \cdot \frac{4}{5} \cdot \frac{2}{5} \right) = \frac{73}{150},$$
$$M[2, F] = \left(M[1, F] \cdot p_{F, F} \cdot q_{F, t} \right) + \left(M[1, L] \cdot p_{L, F} \cdot q_{L, t} \right)$$
$$= \left(\frac{31}{75} \cdot \frac{2}{3} \cdot \frac{1}{2} \right) + \left(\frac{73}{150} \cdot \frac{1}{5} \cdot \frac{2}{5} \right) = \frac{994}{5625},$$
$$M[2, L] = \left(M[1, F] \cdot p_{F, L} \cdot q_{F, t} \right) + \left(M[1, L] \cdot p_{L, L} \cdot q_{L, t} \right)$$
$$= \left(\frac{31}{75} \cdot \frac{1}{3} \cdot \frac{1}{2} \right) + \left(\frac{73}{150} \cdot \frac{4}{5} \cdot \frac{2}{5} \right) = \frac{2527}{11.250},$$
$$M[3, F] = \left(M[2, F] \cdot p_{F, F} \cdot q_{F, h} \right) + \left(M[2, L] \cdot p_{L, F} \cdot q_{L, h} \right)$$
$$= \left(\frac{994}{5625} \cdot \frac{2}{3} \cdot \frac{1}{2} \right) + \left(\frac{2527}{11.250} \cdot \frac{1}{5} \cdot \frac{3}{5} \right) = \frac{72.443}{843.750},$$

$$M[3, L] = \left(M[2, F] \cdot p_{F,L} \cdot q_{F,h}\right) + \left(M[2, L] \cdot p_{L,L} \cdot q_{L,h}\right)$$

$$= \left(\frac{994}{5625} \cdot \frac{1}{3} \cdot \frac{1}{2}\right) + \left(\frac{2527}{11.250} \cdot \frac{4}{5} \cdot \frac{3}{5}\right) = \frac{57.911}{421.875},$$

$$M[4, F] = M[3, F] \cdot q_{F,h} = \frac{72.443}{843.750} \cdot \frac{1}{2} = \frac{72.443}{1.687.500},$$

$$M[4, L] = M[3, L] \cdot q_{L,h} = \frac{57.911}{421.875} \cdot \frac{3}{5} = \frac{57.911}{703.125},$$

$$p_Y^{(4)}(y) = \frac{1}{2}\left(M[4, F] + M[4, L]\right)$$

$$= \frac{1}{2}\left(\frac{72.443}{1.687.500} + \frac{57.911}{703.125}\right) = \frac{1.057.147}{16.875.000} = 0,06264574815.$$

$\square$

Halbringe

In der abstrakten Algebra ist ein Halbring eine algebraische Struktur ähnlich einem Ring, aber ohne die Anforderung, dass jedes Element ein additives Inverses besitzt. Ein Halbring besteht aus zwei Monoiden, die bei den Distributivgesetzen in Wechselwirkung treten.

Ein *Monoid* ist eine algebraische Struktur $(M, \circ, e)$, die aus einer nichtleeren Menge M, einer binären Operation $\circ : M \times M \to M$ und einem ausgezeichneten Element $e \in M$ genannt *neutrales Element* besteht, so dass gilt

- Die Operation $\circ$ ist *assoziativ*, d. h. für alle $a, b, c \in M$ gilt

$$a \circ (b \circ c) = (a \circ b) \circ c. \tag{3.6}$$

- Das neutrale Element e hat für alle $a \in M$ die Eigenschaft

$$a \circ e = a = e \circ a. \tag{3.7}$$

Ein Monoid $(M, \circ, e)$ heißt *kommutativ*, wenn die Operation kommutativ ist, d. h. für alle $a, b \in M$ gilt

$$a \circ b = b \circ a. \tag{3.8}$$

Ein *Halbring* ist ein Quintupel $(R, +, \cdot, 0, 1)$, bestehend aus einer nichtleeren Menge R, zwei binären Operationen $+ : R \times R \to R$ und $\cdot : R \times R \to R$, genannt

Addition und Multiplikation, und zwei ausgezeichneten Elementen $0, 1 \in R$ mit $0 \neq 1$, so dass gilt

- $(R, +, 0)$ ist ein kommutatives Monoid.
- $(R, \cdot, 1)$ ist ein Monoid.
- Die Multiplikation ist *distributiv* über der Addition, d. h. für alle $a, b, c \in R$ gilt

$$a \cdot (b + c) = (a \cdot b) + (a \cdot c) \quad \text{und} \quad (a + b) \cdot c = a \cdot c + b \cdot c. \tag{3.9}$$

- Das Element 0 ist absorbierend, d. h. für alle $a \in R$ gilt

$$a \cdot 0 = 0 = 0 \cdot a. \tag{3.10}$$

Die Multiplikation $a \cdot b$ wird üblicherweise als ab ohne Rechenzeichen (Juxtaposition) geschrieben. Bei Ausdrücken werden Klammern gespart, indem die Regel „Punkt- vor Strichrechnung" eingeführt wird; dann gilt etwa $a + bc = a + (bc)$.

Ein Halbring R heißt *kommutativ,* wenn die Multiplikation kommutativ ist, d. h. für alle $a, b \in R$ gilt $ab = ba$. Ein Halbring R heißt *idempotent,* wenn die Addition idempotent ist, d. h. für alle $a \in R$ gilt $a + a = a$.

Jeder Ring mit Einselement 1 ist ein Halbring. Die Menge der nichtnegativen reellen Zahlen bildet mit der gewöhnlichen Addition und Multiplikation einen kommutativen Halbring $(\mathbb{R}_{\geq 0}, +, \cdot)$, auch *probabilistischer Halbring* genannt.

Die Menge $\mathbb{R} \cup \{\infty\}$ bildet mit den Operationen

$$x \oplus y = \min\{x, y\} \quad \text{und} \quad x \odot y = x + y \tag{3.11}$$

einen Halbring $(\mathbb{R} \cup \{\infty\}, \min, +)$, der auch als *tropischer Halbring* bezeichnet wird. Dieser Halbring ist kommutativ und idempotent. Das Symbol ∞ bezeichnet das neutrale Element der Addition (es gilt $\infty > x$ für alle $x \in \mathbb{R}$) und 0 ist das neutrale Element der Multiplikation. Das Attribut „tropisch" wurde von französischen Wissenschaftlern (1998) zu Ehren des brasilianischen Mathematikers Imre Simon geprägt, der diese Halbringe Anfang der 1960iger Jahre untersuchte.

Beispielsweise werden die tropische Halbringe $(\mathbb{R} \cup \{\infty\}, \max, +)$ und $(\mathbb{R} \cup \{\infty\}, \min, +)$ für der Leistungswertung von diskreten ereignisgetriebenen Systemen herangezogen. Kosten oder Ankunftszeiten werden anhand reeller Zahlen spezifiziert. Die Addition beschreibt die Akkumulation entlang eines Pfades. Die max-Operation korrespondiert zur maximalen Wartezeit bis die Ereignisse auf allen Pfaden eintroffen sind, die min-Operation zur kostengünstigsten Wahl unter den Pfaden.

Die Abbildung

$$\phi : \mathbb{R}_{\geq 0} \to \mathbb{R} \cup \{\infty\} : x \mapsto - \log x \qquad (3.12)$$

mit der Setzung $\phi(0) = \infty$ (Abb. 3.1) ist bijektiv, streng monoton fallend, und es gilt für alle $x, y \in \mathbb{R}_{\geq 0}$

$$\phi(x \cdot y) = \phi(x) \odot \phi(y). \qquad (3.13)$$

Diese Abbildung wird *Tropikalisierung* des probabilistischen Halbringes genannt. Der Zusammenhang zwischen probabilistischem und tropischem Halbring ist in Abb. 3.2 dargestellt. Dabei entsprechen große Wahrscheinlichkeiten kleinen Gewichten und umgekehrt. Dies gilt es bei der Übertragung von auf dem probabilistischen Halbring definierten Optimierungsverfahren auf den tropischen Halbring zu beachten.

Bei der Multiplikation einer größeren Anzahl kleiner Werten, wie etwa im Falle der Likelihood-Funktion, kann es zu einem *arithmetischen Unterlauf* kommen. Dann kann das wahre Ergebnis einer Gleitkommaoperation kleiner (also näher an der Null liegen) als die kleinste von einem Computer darstellbare, positive Zahl sein. Abhilfe schafft hier der Übergang zu Logarithmen, wobei die Multiplikation

Abb. 3.1 Ausschnitt der Funktion $\phi : \mathbb{R}_{\geq 0} \to \mathbb{R} \cup \{\infty\} : x \mapsto - \log x$

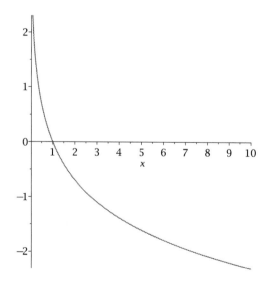

Halbring $\mathbb{R}_{\geq 0}$		Halbring $\mathbb{R} \cup \{\infty\}$	
Addition $+$		Addition $\oplus$ (Min)	
Multiplikation $\cdot$	$\rightarrow$	Multiplikation $\odot$ (Add)	(3.14)
Daten x		Daten $-\log x$	
Wahrscheinlichkeiten		Gewichte	
Maximierung		Minimierung	

Abb. 3.2 Tropikalisierung: Übergang vom probabilistischen zum tropischen Halbring

nach dem Rechengesetz $\log(x \cdot y) = \log(x) + \log(y)$ durch die Addition ersetzt wird. Außerdem ist die Addition als Rechenoperation weniger rechenintensiv als die Multiplikation.

Viterbi-Algorithmus
Mit diesen Vorbereitungen kann der Viterbi-Algorithmus hergeleitet werden.

Es sei $M = (\Sigma, \Omega, P, Q, \pi)$ ein HMM, $n \geq 1$ eine natürliche Zahl und $y = y_1 \ldots y_n \in \Omega^n$ eine Ausgabefolge. Gesucht wird nach (1.10) die maximale bedingte Wahrscheinlichkeit

$$p_{X|Y}^{(n)}(x_1 \ldots x_n \mid y_1 \ldots y_n) = \frac{p_{X,Y}^{(n)}(x_1 \ldots x_n, y_1 \ldots y_n)}{p_Y^{(n)}(y_1 \ldots y_n)}, \quad (3.15)$$

genommen über alle Zustandsfolgen $x_1 \ldots x_n \in \Sigma^n$. Da die Ausgabefolge $y = y_1 \ldots y_n$ fest gewählt ist, sind die Wahrscheinlichkeiten $p_{X|Y}^{(n)}(x_1 \ldots x_n \mid y_1 \ldots y_n)$ und $p_{X,Y}^{(n)}(x_1 \ldots x_n, y_1 \ldots y_n)$ im Falle $p_Y^{(n)}(y_1 \ldots y_n) > 0$ direkt proportional zueinander; im Folgenden wird stets $p_Y^{(n)}(y_1 \ldots y_n) > 0$ angenommen. Dann besteht die Aufgabe in analoger Weise darin, eine Zustandsfolge mit maximaler gemeinsamer Verteilung $p_{X,Y}^{(n)}(x_1 \ldots x_n, y_1 \ldots y_n)$ zu finden, genommen über alle Zustandsfolgen $x_1 \ldots x_n \in \Sigma^n$. Eine solche Zustandsfolge wird eine *Erklärung* der beobachteten Folge $y_1 \ldots y_n \in \Omega^n$ genannt.

Der Viterbi-Algorithmus kann durch Tropikalisierung der Summenproduktzerlegung (3.2) hergeleitet werden. *Tropikalisierung* bedeutet, dass gewöhnliche Summen durch tropische Summen und gewöhnliche Produkte durch tropische Produkte ersetzt werden. Insbesondere werden folgende Gewichte definiert

$$w_Y^{(n)}(y_1, \ldots, y_n) = -\log p_Y^{(n)}(y_1, \ldots, y_n) \quad (3.16)$$

und

$$w_{X,Y}^{(n)}(x_1, \ldots, x_n, y_1, \ldots, y_n) = -\log p_{X,Y}^{(n)}(x_1, \ldots, x_n, y_1, \ldots, y_n). \quad (3.17)$$

Dann folgt durch Tropikalisierung der Randverteilung (3.1) sofort

$$w_Y^{(n)}(y_1, \ldots, y_n) = \bigoplus_{x_1 \ldots x_n \in \Sigma^n} w_{X,Y}^{(n)}(x_1, \ldots, x_n, y_1 \ldots, y_n) \quad (3.18)$$

$$= \min_{x_1 \ldots x_n \in \Sigma^n} w_{X,Y}^{(n)}(x_1, \ldots, x_n, y_1, \ldots, y_n).$$

Aus dieser Darstellung ergibt sich unmittelbar folgendes Resultat.

Satz 3.2 *Zu jeder Ausgabefolge* $y \in \Omega^n$ *liefert die Tropikalisierung* $w_Y^{(n)}(y)$ *der Randverteilung* $p_Y^{(n)}(y)$ *die Erklärungen von* y.

Der Viterbi-Algorithmus kann je nach Implementierung eine oder alle Erklärungen einer Beobachtungsfolge berechnen. Bei seiner Herleitung werden die Übergangswahrscheinlichkeiten durch Gewichte ersetzt

$$u_{i,j} = -\log p_{i,j}, \quad i, j \in \Sigma, \quad (3.19)$$

$$v_{i,k} = -\log q_{i,k}, \quad i \in \Sigma, \ k \in \Omega. \quad (3.20)$$

Dann ergibt sich aus der Summenproduktzerlegung (3.2) durch Tropikalisierung (bei Vernachlässigung des Bruches $\frac{1}{l}$)

$$w_Y^{(n)}(y_1, \ldots, y_n) \quad (3.21)$$

$$= \bigoplus_{x_n \in \Sigma} v_{x_n,y_n} \odot \left(\bigoplus_{x_{n-1} \in \Sigma} u_{x_{n-1},x_n} \odot v_{x_{n-1},y_{n-1}} \odot \left(\cdots \left(\bigoplus_{x_1 \in \Sigma} u_{x_1,x_2} \odot v_{x_1,y_1} \right) \cdots \right) \right)$$

$$= \min_{x_n \in \Sigma} \left\{ v_{x_n,y_n} \right\} + \left(\min_{x_{n-1} \in \Sigma} \left\{ u_{x_{n-1},x_n} + v_{x_{n-1},y_{n-1}} \right\} + \left(\cdots \left(\min_{x_1 \in \Sigma} \left\{ u_{x_1,x_2} + v_{x_1,y_1} \right\} \right) \cdots \right) \right).$$

Das minimale Gewicht $w_Y^{(n)}(y_1, \ldots, y_n)$ kann gemäß der Zerlegung (3.21) in Analogie zu (3.3) wie folgt berechnet werden

$$M[0, x] = 0, \ x \in \Sigma,$$

$$M[k, x] = \min_{x_k \in \Sigma} \left\{ u_{x_k,x} + v_{x_k,y_k} + M[k-1, x_k] \right\}, \ x \in \Sigma, \ 1 \le k \le n-1, \quad (3.22)$$

$$M[n, x] = v_{x,y_n} + M[n-1, x], \ x \in \Sigma,$$

$$w_Y^{(n)}(y_1, \ldots, y_n) = \min_{x_n \in \Sigma} \left\{ M[n, x_n] \right\}.$$

Dies ist der *Viterbi-Algorithmus* des Hidden-Markov-Modells. Die berechneten Erklärungen werden auch *Viterbi-Folgen* genannt. Dieses Verfahren besteht aus einem *Vorwärtsalgorithmus* (Prozedur 2), der die Matrix M aufstellt, und einem *Rückwärtsalgorithmus* (Prozedur 3), der anhand optimaler Entscheidungen eine oder sogar alle Viterbi-Sequenzen bestimmt.

Im Vorwärtsalgorithmus kann der Rückwärtsalgorithmus bereits vorbereitet werden, indem bei der Berechnung des Wertes $M[k, x]$ *ein* Zustand $x_{opt} \in \Sigma$, bei dem das Optimum in

$$M[k, x] = \min_{x' \in \Sigma} \left\{ u_{x',x} + v_{x',y_k} + M[k-1, x'] \right\}, \quad 1 \le k \le n-1, \quad (3.23)$$

angenommen wird, in einer Matrix S vermerkt wird, d. h. $S[k, x] = x_{opt}$. Diese Information kann im Rückwärtsalgorithms dazu verwendet werden, um die in den einzelnen Schritten getroffenen, optimalen Entscheidungen schrittweise (von hinten nach vorne) zusammenzufügen und auf diese Weise eine Viterbi-Sequenz zu erhalten. Ausgehend von einem Zustand x_n mit minimalem Wert $M[n, x_n]$ wird durch die rückwärtige Verkettung der Zustände $x_k \in S[k, x_{k+1}]$ eine Viterbi-Folge $x = x_1 \ldots x_n$ generiert. Mit diesem Verfahren lassen sich sogar alle Viterbi-Folgen berechnen, indem *alle* Zustände $x_{opt} \in \Sigma$, bei denen das Minimum in (3.23) angenommen wird, in einer Liste $S[k, n]$ gespeichert werden. Diese Listen können dann anhand eines Rücksetzverfahrens (Backtracking) entsprechend durchlaufen werden. Der Vorwärtsalgorithmus besitzt die Laufzeit $O(l^2 n)$, wie bereits bei der Berechnung der Summenproduktzerlegung (3.3) gezeigt. Der Rückwärtsalgorithmus hat hingegen die Laufzeit $O(l + n)$, weil das Finden eines Minimums von $M[n, x]$ mit $x \in \Sigma$ genau l Schritte und das Zusammensetzen einer Viterbi-Folge genau n Schritte erfordert. Der Viterbi-Algorithmus besitzt im Gegensatz zur Brute-Force-Methode in (3.1) polynomiale Laufzeit.

Eine kompakte Darstellung aller Rechenschritte des Viterbi-Algorithmus wird durch ein Trellis-Diagramm realisiert, das am Beispiel des gelegentlich unehrlichen Münzspielers schematisch in Abb. 3.3 dargestellt ist. Der gezeigte Auswertungsschritt hat die Form

$$M[k, F] = \min \left\{ M[k-1, F] + u_{F,F} + v_{F,y_k}, M[k-1, L] \right.$$
$$\left. + u_{L,F} + v_{L,y_k} \right\}, \quad (3.24)$$
$$M[k, L] = \min \left\{ M[k-1, F] + u_{F,L} + v_{F,y_k}, M[k-1, L] \right.$$
$$\left. + u_{L,L} + v_{L,y_k} \right\}. \quad (3.25)$$

Prozedur 2 Vorwärtsalgorithmus

Eingabe: HMM $M = (\Sigma, \Omega, P, Q, \pi)$, Ausgabefolge $y \in \Omega^n$, Gewichte $(u_{i,j})$ und $(v_{i,k})$
Ausgabe: minimales Gewicht $w_Y^{(n)}(y)$, Matrix S
   $M \leftarrow$ Matrix $[\,0 \ldots n,\, 1 \ldots l\,]$
   $S \leftarrow$ Matrix $[\,1 \ldots n-1,\, 1 \ldots l\,]$
   for $x \leftarrow 1$ **to** l **do**
      $M[0, x] \leftarrow 0$
   end for
   for $k \leftarrow 1$ **to** $n-1$ **do**
      for $x \leftarrow 1$ **to** l **do**
         $M[k, x] \leftarrow \min\{u_{x',x} + v_{x',y_k} + M[k-1, x'] \mid x' \in \Sigma\}$
         $S[k, x] \leftarrow \operatorname{argmin}\{u_{x',x} + v_{x',y_k} + M[k-1, x'] \mid x' \in \Sigma\}$
      end for
   end for
   for $x \leftarrow 1$ **to** l **do**
      $M[n, x] \leftarrow v_{x,y_n} + M[n-1, x]$
   end for
   $w_Y^{(n)}(y) \leftarrow \min\{M[n, x] \mid x \in \Sigma\}$
   return $w_Y^{(n)}(y), S$

Prozedur 3 Rückwärtsalgorithmus

Eingabe: Matrix S
Ausgabe: Viterbi-Sequenz x
   $x_n \leftarrow \operatorname{argmin}\{M[n, x] \mid x \in \Sigma\}$
   for $k \leftarrow n-1$ **to** 1 **do**
      $x_k \leftarrow S[k, x_{k+1}]$
   end for
   return $x = x_1 \ldots x_n$

Im folgenden Beispiel wird gezeigt, dass die Menge aller Viterbi-Folgen mit graphentheoretischen Mitteln anhand des Trellis-Diagramms bestimmt werden kann.

Beispiel 3.3 Im gelegentlich unehrlichen Münzspiel mit Runden der Länge $n = 4$ ergibt sich aus der Tropikalisierung der Summenproduktzerlegung (3.4) die Gleichung

$$w_Y^{(4)}(y_1, \ldots, y_4) = \min_{l_4 \in \Sigma}\{v_{x_4,y_4}\} + \left(\min_{x_3 \in \Sigma}\{u_{x_3,x_4} + v_{x_3,y_3}\}\right. \tag{3.26}$$

$$+ \left(\min_{x_2 \in \Sigma}\{u_{x_2,x_3} + v_{x_2,y_2}\} + \left(\min_{x_1 \in \Sigma}\{u_{x_1,x_2} + v_{x_1,y_1}\}\right)\right)\Bigg).$$

Der Vorwärtsalgorithmus des Viterbi-Algorithmus hat nach (3.5) folgende Gestalt

$$F \qquad M[1,F] \qquad \ldots \qquad M[k-1,F]^{+v_{F.y_k}} \overset{+u_{F,F}}{\text{--}\to} M[k,F]^{+v_{F.y_{k+1}}} \qquad \ldots \qquad M[n,F]$$

$$\begin{array}{c} +u_{F,L} \\ +u_{L,F} \end{array}$$

$$L \qquad M[1,L] \qquad \ldots \qquad M[k-1,L]^{+v_{L.y_k}} \overset{+u_{L,L}}{\text{--}\to} M[k,L]^{+v_{L.y_{k+1}}} \qquad \ldots \qquad M[n,L]$$

Abb. 3.3 Ausschnitt aus einem Trellis-Diagramm

$$M[0,x] = 0, \ x \in \Sigma,$$
$$M[1,x] = \min_{x_1 \in \Sigma} \left\{ u_{x_1,x} + v_{x_1,y_1} + M[0,x_1] \right\}, \ x \in \Sigma,$$
$$M[2,x] = \min_{x_2 \in \Sigma} \left\{ u_{x_2,x} + v_{x_2,y_2} + M[1,x_2] \right\}, \ x \in \Sigma,$$
$$M[3,x] = \min_{x_3 \in \Sigma} \left\{ u_{x_3,x} + v_{x_3,y_3} + M[2,x_3] \right\}, \ x \in \Sigma,$$
$$M[4,x] = v_{x,y_4} + M[3,x], \ x \in \Sigma,$$
$$w_Y^{(4)}(y_1 \ldots y_4) = \min_{x_4 \in \Sigma} \left\{ M[4,x_4] \right\}.$$

Anstelle des probabilistischen Modells in Abb. 2.1 wird im Folgenden ein tropikalisiertes Modell mit Gewichten betrachtet (Abb. 3.4).

Für die Ausgabefolge $y = tthh$ ergibt sich folgende Rechnung

$$M[1,F] = \min \left\{ M[0,F] + u_{F,F} + v_{F,t}, M[0,L] + u_{L,F} + v_{L,t} \right\}$$
$$= \min \left\{ \underline{0+1+2}, 0+2+3 \right\} = 3,$$
$$M[1,L] = \min \left\{ M[0,F] + u_{F,L} + v_{F,t}, M[0,L] + u_{L,L} + v_{L,t} \right\}$$
$$= \min \left\{ 0+3+2, \underline{0+1+3} \right\} = 4,$$
$$M[2,F] = \min \left\{ M[1,F] + u_{F,F} + v_{F,t}, M[1,L] + u_{L,F} + v_{L,t} \right\}$$
$$= \min \left\{ \underline{3+1+2}, 4+2+3 \right\} = 6,$$
$$M[2,L] = \min \left\{ M[1,F] + u_{F,L} + v_{F,t}, M[1,L] + u_{L,L} + v_{L,t} \right\}$$
$$= \min \left\{ 3+3+2, \underline{4+1+3} \right\} = 8,$$
$$M[3,F] = \min \left\{ M[2,F] + u_{F,F} + v_{F,h}, M[2,L] + u_{L,F} + v_{L,h} \right\}$$
$$= \min \left\{ \underline{6+1+2}, 8+2+1 \right\} = 9,$$

Abb. 3.4 Diagramm des gelegentlich unehrlichen Münzspiels mit Gewichten
$u_{F,F} = 1, u_{F,L} = 3,$
$u_{L,F} = 2, u_{L,L} = 1$ und
$v_{F,h} = 2, v_{F,t} = 2,$
$v_{L,h} = 1, v_{L,t} = 3$

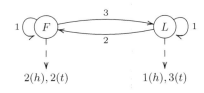

$$M[3, L] = \min \left\{ M[2, F] + u_{F,L} + v_{F,h}, M[2, L] + u_{L,L} + v_{L,h} \right\}$$
$$= \min \left\{ 6 + 3 + 2, 8 + 1 + 1 \right\} = 10,$$
$$M[4, F] = M[3, F] + v_{F,h} = 9 + 2 = 11,$$
$$M[4, L] = M[3, L] + v_{L,h} = 10 + 1 = 11,$$
$$w_Y(y) = \min \{ M[4, F], M[4, L] = \min \left\{ \underline{11}, \underline{11} \right\} = 11.$$

In dieser Rechnung sind die minimalen Argumente jeweilig unterstrichen. Daraus lassen sich die Elemente der Matrix S ableiten

$S[k, x]$	$[1, F]$	$[1, L]$	$[2, F]$	$[2, L]$	$[3, F]$	$[3, L]$	$[4, F]$	$[4, L]$
	F	L	F	$F(L)$	F	L	$-$	$-$

Der Wert von $S[2, L]$ ist nicht eindeutig, weil in $M[2, L]$ das Minimum bei F und L angenommen wird; im Folgenden wird $S[2, L] = F$ gesetzt.

Die Viterbi-Sequenz wird mithilfe des Rückwärtsalgorithmus berechnet. Zuerst wird ein Zustand $x_4 \in \Sigma$ mit minimalem Gewicht $M[4, x_4]$ ermittelt. Wegen $M[4, F] = M[4, L] = 11$ kann $x_4 = F$ oder $x_4 = L$ gewählt. Damit ergibt sich mit $x_4 = F$ die Viterbi-Sequenz

$$x = FFFF : \quad x_4 = F, \; x_3 = S[3, F] = F, \; x_2 = S[2, F] = F, \; x_1 = S[1, F] = F$$

und anhand $x_4 = L$ die Viterbi-Sequenz

$$x = FFLL : \quad x_4 = L, \; x_3 = S[3, L] = L, \; x_2 = S[2, F] = F, \; x_1 = S[1, F] = F.$$

Wird $S[2, L] = L$ gesetzt, so liefert das Verfahren bei $x_4 = L$ eine weitere Viterbi-Sequenz

$$x = LLLL : \quad x_4 = L, \; x_3 = S[3, L] = L, \; x_2 = S[2, L] = L, \; x_1 = S[1, L] = L.$$

Damit sind alle Viterbi-Folgen zur gegebenen Ausgabefolge ermittelt.

Die gesamte Rechnung kann kompakt mithilfe des Trellis-Diagramms in Abb. 3.5 durchgeführt werden. Eine durchgezogene Kante $(k - 1, x') \rightarrow (k, x)$ zeigt an, dass bei der Berechnung von $M[k, x]$ das Minimum bei x' angenommen wird. Das bedeutet, dass die Viterbi-Sequenzen genau zu den gerichteten Pfaden der durchgezogenen Kanten korrespondieren. Im Beispiel sind dies $FFFF$, $FFLL$ und LLLL.

Abb. 3.5 Trellis-Diagramm für die Ausgabefolge $y = tthh$

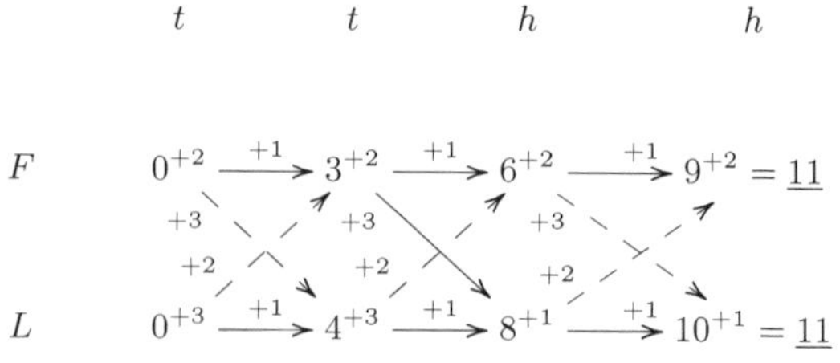

Abb. 3.6 Trellis-Diagramm
für das Präfix $y = tth$

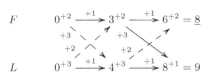

Die obige Rechnung kann dazu verwendet werden, die Viterbi-Folgen für jedes Präfix der Ausgabefolge $y = tthh$ zu berechnen. Der Viterbi-Algorithmus stoppt dann einfach an der entsprechenden Stelle. Für das Präfix $y = tth$ ergibt sich das Trellis-Diagramm in Abb. 3.6; dies ist ein (linksseitiges) Teildiagramm des Trellis-Diagramms der Ausgabefolge $tthh$. Das Diagramm zeigt die einzige Viterbi-Folge $x = FFF$.

□

3.2 Parameterschätzung

In diesem Abschnitt wird ein iteratives Verfahren, der sogenannte Erwartungs-maximierungs-Algorithmus, zur Schätzung der Übergangswahrscheinlichkeiten in einem Hidden-Markov-Modell vorgestellt.

Stichprobenraum
In einem HMM mit vollständig verborgenen Zuständen kann der Betrachter nur die Folge der Ausgaben einsehen. Eine *Runde* besteht aus einer Sequenz von $n \geq 1$ Beobachtungen und ist formal als ein Produktexperiment $(Y_1, \ldots, Y_n)$ mit unabhängigen Zufallsvariablen definiert. In jeder Runde notiert der Betrachter die Folge der Ausgaben $y = y_1 \ldots y_n \in \Omega^n$. Für die folgende Parameterschätzung wird ähnlich wie in Abschn. 2.2 vorgegangen. Die Randverteilung (3.1) einer Ausgabefolge y wird im Zuge der Parameterschätzung in der Form $p_{Y|\Theta, \Lambda}^{(n)}(y \mid \theta, \lambda)$ dargestellt.

Ein Stichprobe besteht aus N unabhängig voneinander durchgeführten Runden

$$D = (d_1, \ldots, d_N), \qquad (3.27)$$

wobei jede Komponente $d_k \in \Omega^n$ eine Runde beschreibt. Im Folgenden bezeichne u_y die Vielfachheit des Vorkommens einer Runde $y \in \Omega^n$ in der Stichprobe. Dann gilt für die Gesamtheit der Runden

$$\sum_{y \in \Omega^n} u_y = N. \tag{3.28}$$

Die *Likelihood-Funktion* der Stichprobe ist gegeben durch

$$L_Y(\theta, \lambda) = \prod_{k=1}^{N} p_{Y|\Theta,\Lambda}^{(n)}(d_k \mid \theta, \lambda) = \prod_{y \in \Omega^n} p_{Y|\Theta,\Lambda}^{(n)}(y \mid \theta, \lambda)^{u_y}, \tag{3.29}$$

wobei angenommen wird, dass die Runden voneinander unabhängig sind. Die *Loglikelihood-Funktion* $\ell_Y(\theta, \lambda) = \log L_Y(\theta, \lambda)$ hat somit die Form

$$\ell_Y(\theta, \lambda) = \sum_{y \in \Omega^n} u_y \log p_{Y|\Theta,\Lambda}^{(n)}(y \mid \theta, \lambda). \tag{3.30}$$

Beispiel 3.4 Im gelegentlich unehrlichen Münzspiel mit Runden der Länge $n = 4$ könnte der Betrachter etwa $N = 9$ Runden beobachtet haben

$$d_1 = hhhh, \ d_2 = hhtt, \ d_3 = hhhh,$$
$$d_4 = hhtt, \ d_5 = hhhh, \ d_6 = hhtt,$$
$$d_7 = tttt, \ d_8 = htth, \ d_9 = thth.$$

Damit ergeben sich die Vielfachheiten

$$u_{hhhh} = 3, \ u_{hhtt} = 3, \ u_{htth} = 1, \ u_{thth} = 1, \ u_{tttt} = 1;$$

alle übrigen Vielfachheiten sind gleich 0. Die Likelihood-Funktion besitzt dann die Gestalt

$$L_Y(\theta, \lambda) = p_{Y|\Theta,\Lambda}^{(4)}(hhhh)^3 \cdot p_{Y|\Theta,\Lambda}^{(4)}(hhtt)^3 \cdot p_{Y|\Theta,\Lambda}^{(4)}(htth) \cdot p_{Y|\Theta,\Lambda}^{(4)}(thth) \cdot p_{Y|\Theta,\Lambda}^{(4)}(tttt).$$

$$\square$$

EM-Algorithmus

Der *Erwartungsmaximierungs-Algorithmus* (kurz *EM-Algorithmus*) ist ein iteratives Verfahren der mathematischen Statistik, das in statistischen Modellen mit unbeobachteten Variablen zur Parameterschätzung verwendet wird. Der Algorithmus beginnt mit zufälligen Parameterwerten. Die EM-Iteration wechselt zwischen einem *Erwartungsschritt* (kurz *E-Schritt*), in dem die Daten an das Modell neu angepasst werden, und einem *Maximierungsschritt* (kurz *M-Schritt*), in welchem die Parameter des adaptierten Modells verbessert werden. Dieser Algorithmus liefert als lokales Optimierungsverfahren einen lokalen Maximalpunkt. Darum ist es

sinnvoll, dieses Verfahren mehrmals zu starten und mit dem besten gefundenen
Ergebnis weiter zu arbeiten.

Der EM-Algorithmus zur Schätzung der Übergangswahrscheinlichkeiten in
einem HMM ist in Abb. 3.7 schematisch und in Prozedur 4 formal dargestellt. Ausgehend von zufälligen Parameterwerten $(\theta, \lambda) \in \Omega \times \Lambda$ wird im E-Schritt ein
Übergang in das zugehörige HMM mit vollständig beobachteten Zuständen durch-
geführt. Dabei werden aus den eingangs bekannten Vielfachheiten $u = (u_y)$ und
den aktuellen Übergangswahrscheinlichkeiten die Vielfachheiten $U = (u_{x,y})$ im
vollständig beobachteten Modell geschätzt

$$u_{x,y} = u_y \cdot \frac{p_{X,Y|\Theta \times \Lambda}^{(n)}(x, y \mid \theta, \lambda)}{p_{Y|\Theta \times \Lambda}^{(n)}(y \mid \theta, \lambda)}, \quad x \in \Sigma^n, \ y \in \Omega^n. \tag{3.31}$$

Danach werden die Parameter des vollständig beobachteten Modells mit der
Maximum-Likelihood-Methode (Prozedur 1) berechnet. Die erhaltenen Parame-
ter $(\hat{\theta}, \hat{\lambda})$ werden mit den momentanen Parametern (θ, λ) unter Verwendung der
Loglikelihood-Funktion verglichen. Wenn eine deutliche Verbesserung (um mehr
als $\epsilon > 0$) vorliegt, werden die berechneten Parameter $(\hat{\theta}, \hat{\lambda})$ zu den aktuellen
Parametern und mit diesen neuen Parametern wird das Verfahren im E-Schritt fort-
gesetzt. Der Algorithmus bricht ab, wenn sich im Vergleichsschritt die Werte der
Loglikelihood-Funktion um höchstens ϵ unterscheiden, also die mit den neuen Parametern erzielte Verbesserung nicht signifikant ist.

Prozedur 4 EM-Algorithmus

Eingabe: Hidden-Markov-Modell, $n \geq 1$, Datensatz $u = (u_y) \in \mathbb{N}^{m^n}$, Schwellenwert $\epsilon > 0$
Ausgabe: Parameterschätzung $(\theta^*, \lambda^*) \in \Theta \times \Lambda$
[Init] Wähle zufällige Parameter $(\theta, \lambda) \in \Theta \times \Lambda$
[E-Schritt] Definiere den Datensatz $U = (u_{x,y}) \in \mathbb{N}^{l^n \times m^n}$ wobei

$$u_{x,y} = u_y \cdot \frac{p_{X,Y|\Theta \times \Lambda}^{(n)}(x, y \mid \theta, \lambda)}{p_{Y|\Theta \times \Lambda}^{(n)}(y \mid \theta, \lambda)}, \quad x \in \Sigma^n, \ y \in \Omega^n$$

[M-Schritt] Berechne den Maximalpunkt $(\hat{\theta}, \hat{\lambda}) \in \Theta \times \Lambda$ der Loglikelihood-Funktion
$\ell_{X,Y}(\theta, \lambda)$ mithilfe des Datensatzes U wie in (2.20), (2.21).
[Vergleich] Falls $\ell_Y(\hat{\theta}, \hat{\lambda}) - \ell_Y(\theta, \lambda) > \epsilon$, setze $\theta \leftarrow \hat{\theta}$ and $\lambda \leftarrow \hat{\lambda}$ und gehe zurück zum
E-Schritt
[Ausgabe] $\theta^* \leftarrow \hat{\theta}, \lambda^* \leftarrow \hat{\lambda}$

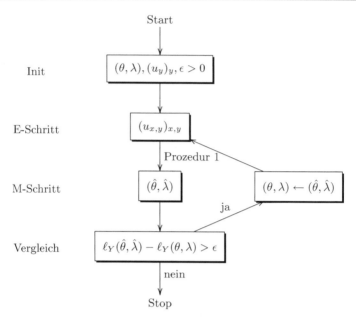

Start

Init $(\theta, \lambda), (u_y)_y, \epsilon > 0$

E-Schritt $(u_{x,y})_{x,y}$

                Prozedur 1

M-Schritt $(\hat{\theta}, \hat{\lambda})$ $(\theta, \lambda) \leftarrow (\hat{\theta}, \hat{\lambda})$

                              ja

Vergleich $\ell_Y(\hat{\theta}, \hat{\lambda}) - \ell_Y(\theta, \lambda) > \epsilon$

                 nein

                Stop

Abb. 3.7 Schematische Darstellung des EM-Algorithmus

Der EM-Algorithmus erzielt in jeder Iteration eine Verbesserung der Loglikelihood-Funktion ℓ_Y, bis ein lokales Optimum annähernd erreicht ist.

Satz 3.5 *Im Vergleichsschritt des EM-Algorithmus gilt*

$$\ell_Y(\hat{\theta}, \hat{\lambda}) \geq \ell_Y(\theta, \lambda). \tag{3.32}$$

Im Falle $\ell_Y(\hat{\theta}, \hat{\lambda}) = \ell_Y(\theta, \lambda)$ ist $(\hat{\theta}, \hat{\lambda})$ ein Maximalpunkt der Loglikelihood-Funktion ℓ_Y.

Ein Beweis findet sich in Abschn. 4.1.

   Die Laufzeitkomplexität des EM-Algorithmus wächst mit der Länge n der Runden. Im E-Schritt sind für die Berechnung der Parameter $U = (u_{x,y})$ genau $l^n m^n$ Aufrufe erforderlich. Bei jedem Aufruf wird die gemeinsame Verteilung $p^{(n)}_{X,Y|\Theta \times \Lambda}(x, y \mid \theta, \lambda)$ in $O(n)$ Schritten und die Randverteilung $p^{(n)}_{Y|\Theta \times \Lambda}(y \mid \theta, \lambda)$ anhand der Summenproduktzerlegung in $O(l^2 n)$ berechnet. Ein effizienteres Ver-

fahren zur Schätzung der Übergangswahrscheinlichkeiten in einem HMM liefert
der Baum-Welch-Algorithmus, der in Abschn. 4.2 skizziert wird.

Beispiel 3.6 Im gelegentlich unehrlichen Münzspiel mit Runden der Länge $n = 4$ werde
die Ausgabe $y = tthh$ mit positiver Vielfachheit u_{tthh} beobachtet. Sind die Parameter (θ, λ)
wie in Abb. 2.1 festgelegt, dann gilt $p_{X,Y|\Theta \times \Lambda}^{(4)}(FFLF, tthh \mid \theta, \lambda) = 0{,}001667$ nach
Beispiel 2.2 und $p_{Y|\Theta \times \Lambda}^{(4)}(tthh \mid \theta, \lambda) = 0{,}06264574815$ nach Beispiel 3.1. Damit kann der
Wert $u_{FFLF,tthh}$ nach (3.31) berechnet werden. $\qquad\square$

3.3 Beispiel CpG-Inseln

CpG-Inseln sind Regionen im Genom von Eukaryoten mit einer erhöhten Dichte an
CpG-Dinukleotiden. Eine Region in einem Genom mit einer Länge von mindestens
200 Basenpaaren (bp), einem CG-Prozentsatz größer als 50 % und einem CpG-
Verhältnis höher als 60 % gilt formell als *CpG-Insel*. In Säugetiergenomen sind
CpG-Inseln typischerweise 300 bis 3000 bp lang und werden in oder in der Nähe
von etwa 40 % der Genpromotern gefunden. Diese Promotoren sind bei über 60 %
der menschlichen Gene und bei fast allen Haushaltsgenen in CpG-Inseln eingebettet.

Ein *CpG-Dinukleotid* (auch *CpG-Motiv*) ist ein chemische Verbindung, in der
auf ein Cytosin-Nukleotid ein Guanin-Nukleotid in der linearen Basensequenz eines
Genoms folgt („p" bezeichnet den intermediären Phosphatrest). Ein CpG-Motiv
sollte nicht mit einem CG-Basenpaar verwechselt werden, in dem die Nukleotide
Cytosin und Guanin durch Wasserstoffbrückenbindungen verknüpft sind und auf
gegenüberliegenden Einzelsträngen doppelsträngiger DNA liegen (Abb. 3.8).

Ein CpG-Motif kann durch eine Methylierung des Cytosinrestes verändert werden. Das Vorhandensein mehrerer methylierter CpG-Motive in CpG-Inseln von Pro-
motern führt zu einem stabilen Stummschalten von Genen. Bei Krebserkrankungen
tritt der Verlust der Expression von Genen etwa zehnmal häufiger durch Hyperme-
thylierung von Promoter-CgG-Inseln auf als durch Genmutation.

Im Folgenden werden zwei statistische Modelle im Zusammenhang mit der
Erkennung von CpG-Inseln vorgestellt. Zunächst wird die Frage diskutiert, inwie-

```
5' ... pN pN pN pC pG pN pN pN   ... 3'
        |   |   |   |   |   |   |   |
3' ...  N pN pN pG pC pN pN pN p  ... 5'
```

Abb. 3.8 Auszug aus einem doppelsträngigen DNA-Molekül mit CpG-Motiv (N bezeichnet
ein beliebiges Nukleotid)

weit von einem DNA-Strang entschieden werden kann, ob er sich innerhalb oder
außerhalb einer CpG-Insel befindet.

Zur Lösung dieses Problems werden zwei homogene Markov-Ketten $X^+ =
(X_n^+)_{n\in\mathbb{N}}$ und $X^- = (X_n^-)_{n\in\mathbb{N}}$ eingeführt. Beide Ketten sind über dem Ergeb-
nisraum der DNA-Nukleotide $\Sigma = \{A, C, D, T\}$ definiert. Die Kette X^+ besitzt
die Übergangswahrscheinlichkeiten p^+ und wird *Plus-Modell* genannt, während
die Kette X^- die Übergangswahrscheinlichkeiten p^- hat und als *Minus-Modell*
bezeichnet wird (Abb. 3.9). Die Anfangsverteilungen beider Ketten seien die Gleich-
verteilungen $\pi_N^+ = \pi_N^- = \frac{1}{4}$.

Eine DNA-Sequenz $x = x_1, \ldots, x_n \in \Sigma^n$ hat nach (1.41) im Plus-Modell die
Wahrscheinlichkeit

$$p^+(x_1, \ldots, x_n) = \frac{1}{4} p_{x_1,x_2}^+ \cdots p_{x_{n-1},x_n}^+ \tag{3.33}$$

und im Minus-Modell die Wahrscheinlichkeit

$$p^-(x_1, \ldots, x_n) = \frac{1}{4} p_{x_1,x_2}^- \cdots p_{x_{n-1},x_n}^-. \tag{3.34}$$

Aufgrund des arithmetischen Unterlaufproblems werden beide Produkte tropika-
lisiert, insbesondere wird zu Gewichten $w_{N,N'}^+ = -\log p_{N,N'}^+$ und $w_{N,N'}^- =
-\log p_{N,N'}^-$ übergegangen. Damit ergeben sich (bei Vernachlässigung des Bruches
$\frac{1}{4}$) die Gewichte

$$w^+(x_1, \ldots, x_n) = w_{x_1,x_2}^+ + \cdots + w_{x_{n-1},x_n}^+ \tag{3.35}$$

und

$$w^-(x_1, \ldots, x_n) = w_{x_1,x_2}^- + \cdots + w_{x_{n-1},x_n}^-. \tag{3.36}$$

p^+	A	C	G	T
A	0,180	0,274	0,426	0,120
C	0,171	0,368	0,274	0,188
G	0,161	0,339	0,375	0,125
T	0,079	0,355	0,384	0,182

p^-	A	C	G	T
A	0,300	0,205	0,285	0,210
C	0,322	0,298	0,078	0,302
G	0,248	0,246	0,298	0,208
T	0,177	0,239	0,292	0,292

Abb. 3.9 Übergangswahrscheinlichkeiten im Plus- und Minus-Modell

Eine DNA-Sequenz $x = x_1, \ldots, x_n$ wird als innerhalb einer CpG-Insel liegend angesehen, wenn ihr Gewicht im Plus-Modell kleiner ist als im Minus-Modell

$$w^+(x) < w^-(x), \tag{3.37}$$

d. h. gleichwertig nach (3.14) für die Wahrscheinlichkeiten $p^+(x) > p^-(x)$ gilt.

Beispiel 3.7 Für die DNA-Sequenz $x = ACGATCCGCCGCGAATA$ gilt $w^+(x) = 23{,}818$ und $w^-(x) = 27{,}706$. Daher wird nach (3.37) geschlossen, dass diese Sequenz innerhalb einer CpG-Insel liegt. □

Zweitens wird ein Hidden-Markov-Modell vorgestellt, das alle CpG-Inseln in einem genomischen DNA-Strang erkennen soll. Dieses Modell $M = (\Sigma, \Omega, P, Q, \pi)$ besteht aus der Zustandsmenge $\Sigma = \left\{ A^+, A^-, C^+, C^-, G^+, G^-, T^+, T^- \right\}$, wobei die Zustände N^+ und N^- angeben, dass das Nukleotid N innerhalb bzw. außerhalb einer CpG-Insel liegt, der aus den DNA-Nukleotiden bestehenden Ausgabemenge $\Omega = \{A, C, G, T\}$, den Übergangswahrscheinlichkeiten $p_{N,N'}$ in Abb. 3.10, wobei die Wahrscheinlichkeiten p^+ und $p^- = 1 - p^+$ das Verbleiben innerhalb bzw. außerhalb einer CpG-Insel angeben, und den Ausgabewahrscheinlichkeiten definiert durch

$$q_{N^+,N'} = q_{N^-,N'} = \begin{cases} 1 & \text{falls } N = N', \\ 0 & \text{sonst,} \end{cases} \tag{3.38}$$

d. h. in den Zuständen N^+ and N^- wird jeweils das Symbol N mit Bestimmtheit ausgegeben. Die Anfangsverteilung sei die Gleichverteilung $\pi_N = \frac{1}{8}$.

p	A^+	C^+	G^+	T^+	A^-	C^-	G^-	T^-
A^+	$0{,}180p^+$	$0{,}274p^+$	$0{,}426p^+$	$0{,}120p^+$	$\frac{1-p^+}{4}$	$\frac{1-p^+}{4}$	$\frac{1-p^+}{4}$	$\frac{1-p^+}{4}$
C^+	$0{,}171p^+$	$0{,}368p^+$	$0{,}274p^+$	$0{,}188p^+$	$\frac{1-p^+}{4}$	$\frac{1-p^+}{4}$	$\frac{1-p^+}{4}$	$\frac{1-p^+}{4}$
G^+	$0{,}161p^+$	$0{,}339p^+$	$0{,}375p^+$	$0{,}125p^+$	$\frac{1-p^+}{4}$	$\frac{1-p^+}{4}$	$\frac{1-p^+}{4}$	$\frac{1-p^+}{4}$
T^+	$0{,}079p^+$	$0{,}355p^+$	$0{,}384p^+$	$0{,}182p^+$	$\frac{1-p^+}{4}$	$\frac{1-p^+}{4}$	$\frac{1-p^+}{4}$	$\frac{1-p^+}{4}$
A^-	$\frac{1-p^-}{4}$	$\frac{1-p^-}{4}$	$\frac{1-p^-}{4}$	$\frac{1-p^-}{4}$	$0{,}300p^-$	$0{,}205p^-$	$0{,}285p^-$	$0{,}210p^-$
C^-	$\frac{1-p^-}{4}$	$\frac{1-p^-}{4}$	$\frac{1-p^-}{4}$	$\frac{1-p^-}{4}$	$0{,}322p^-$	$0{,}298p^-$	$0{,}078p^-$	$0{,}302p^-$
G^-	$\frac{1-p^-}{4}$	$\frac{1-p^-}{4}$	$\frac{1-p^-}{4}$	$\frac{1-p^-}{4}$	$0{,}248p^-$	$0{,}246p^-$	$0{,}298p^-$	$0{,}208p^-$
T^-	$\frac{1-p^-}{4}$	$\frac{1-p^-}{4}$	$\frac{1-p^-}{4}$	$\frac{1-p^-}{4}$	$0{,}177p^-$	$0{,}239p^-$	$0{,}292p^-$	$0{,}292p^-$

Abb. 3.10 Übergangswahrscheinlichkeiten im HMM für CpG-Inseln

Beispiel 3.8 Für die DNA-Sequenz

$$y = ACGATCCGCCGCGAATA$$

liefert der Viterbi-Algorithmus (R-Library „HMM" von Himmelmann) mit $p^+ = p^- = \frac{1}{2}$ die (bereinigte) Zustandsfolge

$$x = A^+C^+G^+A^+T^+C^+C^+G^+C^+C^+G^+C^+G^+A^-A^-T^-A^-.$$

Der erste Abschnitt der DNA (13 Nukleotide) liegt also innerhalb einer CpG-Insel, der zweite (vier Nukleotide) außerhalb. ☐

Algorithmen zur Parameterschätzung 4

In diesem Kapitel wird zunächst der EM-Algorithmus in allgemeiner Form erörtert und der Beweis für die Monotonie-Eigenschaft im Vergleichsschritt (Satz 3.5) generell erbracht. Anschließend wird der BW-Algorithmus als dynamisches Programmierverfahren zur Herleitung der suffizienten Statistik in einem HMM kurz präsentiert.

4.1 Erwartungsmaximierungs-Algorithmus

In diesem Abschnitt wird der EM-Algorithmus für ein allgemeines HMM vorgestellt und die Monotonie-Eigenschaft im Vergleichsschritt des EM-Algorithmus (Satz 3.5) bewiesen.

Es sei X ein Zufallsvektor über einer endlichen Menge von Zustandsfolgen $\mathcal{X} = \{1, \ldots, m\}$ und Y ein Zufallsvektor über einer endlichen Menge von Ausgabefolgen $\mathcal{Y} = \{1, \ldots, n\}$. Die gemeinsame Verteilung sei von einem Parametervektor $\theta = (\theta_1, \ldots, \theta_d)$ aus einer Parametermenge $\Theta \subseteq \mathbb{R}^d$ abhängig

$$f_{i,j}(\theta) = p_{X,Y|\Theta}(i, j), \quad 1 \le i \le m, \ 1 \le j \le n. \tag{4.1}$$

Dann ist die Randverteilung hinsichtlich des Zufallsvektors Y gegeben durch

$$f_j(\theta) = p_{Y|\Theta}(j) = \sum_{i=1}^{m} f_{i,j}(\theta), \quad 1 \le j \le n. \tag{4.2}$$

K.-H. Zimmermann, *Das Hidden-Markov-Modell*, essentials, https://doi.org/10.1007/978-3-662-65968-7_4

Die Auswertung dieser Verteilung erfordert in Anwendungen oft einen hohen Aufwand; Algorithmen etwa aus der dynamischen Programmierung wie der Viterbi-Algorithmus können helfen, die Laufzeitkomplexität gering zu halten.

Eine Stichprobe besteht aus N unabhängig voneinander gezogenen Werten des Ausgaberaums $\mathcal{Y}$

$$D = (j_1, \ldots, j_N) \qquad (4.3)$$

mit $1 \leq j_1, \ldots, j_N \leq n$. Im Folgenden bezeichne u_j die Vielfachheit des Vorkommens von j, $1 \leq j \leq n$, in der Stichprobe. Für diese Vielfachheiten gilt

$$\sum_{j=1}^{n} u_j = N. \qquad (4.4)$$

Die Likelihood-Funktion der Stichprobe ist gegeben durch

$$L_Y(\theta) = \prod_{k=1}^{N} f_{j_k}(\theta) = \prod_{j=1}^{n} f_j(\theta)^{u_j}. \qquad (4.5)$$

Die Loglikelihood-Funktion $\ell_Y(\theta) = \log L_Y(\theta)$ hat dann die Form

$$\ell_Y(\theta) = \sum_{j=1}^{n} u_j \log f_j(\theta). \qquad (4.6)$$

Auf der anderen Seite wird im vollständig beobachteten Hidden-Markov-Modell eine Stichprobe bestehend aus N unabhängig voneinander gezogenen Paaren aus dem Stichprobenraum $\mathcal{X} \times \mathcal{Y}$ betrachtet

$$D = ((i_1, j_1), \ldots, (i_N, j_N)), \qquad (4.7)$$

wobei $1 \leq i_1, \ldots, i_N \leq m$ und $1 \leq j_1, \ldots, j_N \leq n$. Im Folgenden bezeichne $u_{i,j}$ die Vielfachheit des Vorkommens des Paares (i, j) in der Stichprobe. Für die Gesamtheit der Stichprobe gilt dann

$$\sum_{i=1}^{m} \sum_{j=1}^{n} u_{i,j} = N. \qquad (4.8)$$

Für die Likelihood-Funktion der Stichprobe gilt

$$L_{X,Y}(\theta) = \prod_{k=1}^{N} f_{i_k, j_k}(\theta) = \prod_{i=1}^{m} \prod_{j=1}^{n} f_{i,j}(\theta)^{u_{i,j}}. \tag{4.9}$$

Die zugehörige Loglikelihood-Funktion $\ell_{X,Y} = \log L_{X,Y}$ hat dann die Gestalt

$$\ell_{X,Y}(\theta) = \sum_{i=1}^{m} \sum_{j=1}^{n} u_{i,j} \log f_{i,j}(\theta). \tag{4.10}$$

An dieser Stelle wird angenommen, dass ein Maximalpunkt $\hat{\theta}$ der Loglikelihood-Funktion $\ell_{X,Y}(\theta)$ effektiv berechnet werden kann (ähnlich wie in Prozedur 1). Unter dieser Voraussetzung kann der EM-Algorithmus für die Schätzung der Übergangswahrscheinlichkeiten des Hidden-Markov-Modells herangezogen werden (Prozedur 5).

Prozedur 5 EM-Algorithmus

Eingabe: Hidden-Markov-Modell, Datensatz $u = (u_j) \in \mathbb{N}^n$, Schwellenwert $\epsilon > 0$
Ausgabe: Parameterschätzung $\theta^* \in \Theta$
[Init] Wähle zufällige Parameter $\theta \in \Theta$
[E-Schritt] Define den Datensatz $U = (u_{i,j}) \in \mathbb{N}^{m \times n}$ wobei

$$u_{i,j} = u_j \cdot \frac{f_{i,j}(\theta)}{f_j(\theta)}, \quad 1 \le i \le m, \ 1 \le j \le n$$

[M-Schritt] Berechne den Maximalpunkt $\hat{\theta} \in \Theta$ der Loglikelihood-Funktion $\ell_{X,Y}(\theta)$ anhand des Datensatzes U
[Vergleich] Falls $\ell_Y(\hat{\theta}) - \ell_Y(\theta) > \epsilon$, setze $\theta \leftarrow \hat{\theta}$ und gehe zurück zum E-Schritt
[Ausgabe] $\theta^* \leftarrow \hat{\theta}$

Satz 4.1 *Im Vergleichsschritt gilt für die Loglikelihood-Funktion*

$$\ell_Y(\hat{\theta}) \ge \ell_Y(\theta). \tag{4.11}$$

Im Falle $\ell_Y(\hat{\theta}) = \ell_Y(\theta)$ ist $\hat{\theta}$ ein Maximalpunkt der Loglikelihood-Funktion ℓ_Y.

Beweis Es gilt

$$\ell_Y(\hat\theta) - \ell_Y(\theta) = \tag{4.12}$$

$$\sum_{j=1}^{n}\sum_{i=1}^{m} u_{i,j} \cdot \log\left(\frac{f_{i,j}(\hat\theta)}{f_{i,j}(\theta)}\right) + \sum_{j=1}^{n} u_j$$

$$\cdot \left[\log\left(\frac{f_j(\hat\theta)}{f_j(\theta)}\right) - \sum_{i=1}^{m}\frac{u_{i,j}}{u_j}\cdot\log\left(\frac{f_{i,j}(\hat\theta)}{f_{i,j}(\theta)}\right)\right].$$

Der erste Summand entspricht $\ell_{X,Y}(\hat\theta) - \ell_{X,Y}(\theta)$ und ist aufgrund des M-Schrittes nichtnegativ. Es wird gezeigt, dass auch der zweite Summand nichtnegativ ist. Dann ist die Ungleichung (4.11) erfüllt und der erste Teil bewiesen.

Für den +-zweiten Summanden von (4.12) gilt

$$\log\left(\frac{f_j(\hat\theta)}{f_j(\theta)}\right) - \sum_{i=1}^{m}\frac{u_{i,j}}{u_j}\cdot\log\left(\frac{f_{i,j}(\hat\theta)}{f_{i,j}(\theta)}\right)$$

$$= \log\left(\frac{f_j(\hat\theta)}{f_j(\theta)}\right) + \sum_{i=1}^{m}\frac{f_{i,j}(\theta)}{f_j(\theta)}\cdot\log\left(\frac{f_{i,j}(\theta)}{f_{i,j}(\hat\theta)}\right)$$

$$= \sum_{i=1}^{m}\frac{f_{i,j}(\theta)}{f_j(\theta)}\cdot\log\left(\frac{f_j(\hat\theta)}{f_j(\theta)}\right) + \sum_{i=1}^{m}\frac{f_{i,j}(\theta)}{f_j(\theta)}\cdot\log\left(\frac{f_{i,j}(\theta)}{f_{i,j}(\hat\theta)}\right)$$

$$= \sum_{i=1}^{m}\frac{f_{i,j}(\theta)}{f_j(\theta)}\cdot\log\left(\frac{f_j(\hat\theta)}{f_{i,j}(\hat\theta)}\cdot\frac{f_{i,j}(\theta)}{f_j(\theta)}\right), \tag{4.13}$$

wobei in der ersten Gleichung der E-Schritt und in der zweiten Gleichung die Randverteilung $f_j(\theta) = \sum_{i=1}^{m} f_{i,j}(\theta)$, $1 \le j \le n$, verwendet werden. Die Quotienten des letzten Ausdrucks

$$\pi_i = \frac{f_{i,j}(\theta)}{f_j(\theta)} \quad\text{und}\quad \sigma_i = \frac{f_{i,j}(\hat\theta)}{f_j(\hat\theta)}, \quad 1 \le i \le m, \tag{4.14}$$

erfüllen aufgrund der Definition der Randverteilung die Beziehungen

$$\pi_1 + \ldots + \pi_m = 1 = \sigma_1 + \ldots + \sigma_m. \tag{4.15}$$

Also sind die Vektoren $\pi = (\pi_i)$ und $\sigma = (\sigma_i)$ Wahrscheinlichkeitverteilungen auf der Menge $\mathcal{X}$. Der Ausdruck (4.13) entspricht der Kullback-Leibler-Divergenz der beiden Verteilungen π und σ

$$D(\pi \| \sigma) = \sum_{i=1}^{m} \pi_i \cdot \log\left(\frac{\pi_i}{\sigma_i}\right). \qquad (4.16)$$

Dieser Ausdruck ist nach Satz 2.7 nichtnegativ. Daher ist der zweite Summand in (4.12) ebenfalls nichtnegativ und somit die Ungleichung (4.11) erfüllt. Angenommen, die Gleichheit $\ell_Y(\hat\theta) = \ell_Y(\theta)$ gilt für gewisse $\theta, \hat\theta \in \Theta$. Dann ist der Ausdruck in (4.12) gleich 0. Für die Kullback-Leibler-Divergenz muss dann $D(\pi \| \sigma) = 0$ gelten, was nach Satz 2.7 genau dann der Fall ist, wenn die beiden Verteilungen π und σ gleich sind. Also gilt

$$\frac{f_{i,j}(\theta)}{f_j(\theta)} = \frac{f_{i,j}(\hat\theta)}{f_j(\hat\theta)}, \quad 1 \le i \le m, \ 1 \le j \le n. \qquad (4.17)$$

Damit ergibt sich für beliebiges $1 \le k \le d$

$$0 = \frac{\partial \ell_{X,Y}(\hat\theta)}{\partial \theta_k} \quad \text{nach M-Schritt}$$

$$= \sum_{i=1}^{m} \sum_{j=1}^{n} \frac{u_{i,j}}{f_{i,j}(\hat\theta)} \cdot \frac{\partial f_{i,j}(\hat\theta)}{\partial \theta_k}$$

$$= \sum_{i=1}^{m} \sum_{j=1}^{n} \frac{u_j}{f_j(\hat\theta)} \cdot \frac{\partial f_{i,j}}{\partial \theta_k}(\hat\theta) \quad \text{nach E-Schritt}$$

$$= \sum_{j=1}^{n} \frac{u_j}{f_j(\hat\theta)} \cdot \left(\frac{\partial}{\partial \theta_k} \sum_{i=1}^{m} f_{i,j}\right)(\hat\theta)$$

$$= \sum_{j=1}^{n} \frac{u_j}{f_j(\hat\theta)} \cdot \left(\frac{\partial}{\partial \theta_k} f_j\right)(\hat\theta) = \frac{\partial \ell_Y(\hat\theta)}{\partial \theta_k}.$$

Daher ist $\hat\theta$ ein Maximalpunkt der Loglikelihood-Funktion ℓ_Y. $\qquad \square$

4.2 Baum-Welch-Algorithmus

Der Baum-Welch-Algorithmus (kurz BW-Algorithmus) ist ein Verfahren zur Schätzung der Übergangswahrscheinlichkeiten in einem Hidden-Markov-Modell. Der BW-Algorithmus nutzt die Struktur des Hidden-Markov-Modells stärker als der

EM-Algorithmus. Mit ihm lässt sich die suffiziente Statistik im E-Schritt des EM-Algorithmus effizienter berechnen.

Der BW-Algorithmus setzt auf einem Hidden-Markov-Modell $M = (\Sigma, \Omega, P, Q, \pi)$ auf, wobei die Notation aus Abschn. 2.1 verwendet wird. Es sei $n \geq 1$ eine ganze Zahl. Jedem Paar, bestehend aus einer Ausgabefolge $y \in \Omega^n$ und einem Zustand $i \in \Sigma$, werden zwei Verteilungen zugeordnet

$$f_{y,i}(\gamma) = p_{Y_1,\ldots,Y_\gamma,X_\gamma}(y_1,\ldots,y_\gamma,i), \quad 1 \leq \gamma \leq n, \tag{4.18}$$

$$b_{y,i}(\gamma) = p_{Y_{\gamma+1},\ldots,Y_n|X_\gamma}(y_{\gamma+1},\ldots,y_n \mid i), \quad 1 \leq \gamma \leq n. \tag{4.19}$$

Die *Vorwärtswahrscheinlichkeit* $f_{y,i}(\gamma)$ gibt die Randverteilung an, dass das Präfix $y_1 \ldots y_\gamma$ der Länge γ der Ausgabefolge y im Zustand i endet. Die *Rückwärtswahrscheinlichkeit* $b_{y,i}(\gamma)$ legt die bedingte Verteilung fest, dass das Suffix $y_{\gamma+1} \ldots y_n$ der Länge $n - \gamma$ der Ausgabefolge y im Zustand i beginnt.

Die Wahrscheinlichkeit einer Ausgabefolge $y \in \Omega^n$ kann anhand der Vorwärtswahrscheinlichkeiten berechnet werden

$$p_Y^{(n)}(y \mid \theta, \lambda) = \sum_{i \in \Sigma} f_{y,i}(n). \tag{4.20}$$

Jeder Ausgabefolge $y \in \Omega^n$ werden anhand der Vorwärts- und Rückwärtswahrscheinlichkeiten zwei $l \times n$-Matrizen zugeordnet

$$F_y = (f_{y,i}(\gamma))_{i,\gamma} \quad \text{und} \quad B_y = (b_{y,i}(\gamma))_{i,\gamma}. \tag{4.21}$$

Die Einträge beider Matrizen lassen sich wie folgt iterativ berechnen

$$f_{y,i}(1) = \frac{1}{l}\lambda_{i,y_1}, \quad i \in \Sigma, \tag{4.22}$$

$$f_{y,i}(\gamma) = \lambda_{i,y_\gamma} \sum_{j \in \Sigma} f_{y,j}(\gamma - 1) \cdot \theta_{j,i}, \quad i \in \Sigma, \ 2 \leq \gamma \leq n, \tag{4.23}$$

und

$$b_{y,i}(n) = 1, \quad i \in \Sigma, \tag{4.24}$$

$$b_{y,i}(\gamma) = \sum_{j \in \Sigma} \theta_{i,j} \cdot \lambda_{j,y_{\gamma+1}} \cdot b_{y,j}(\gamma + 1), \quad i \in \Sigma, \ 1 \leq \gamma \leq n - 1. \tag{4.25}$$

Beispiel 4.2 Im gelegentlich unehrlichen Münzspiel mit Runden der Länge $n = 4$ gilt für die Vorwärtswahrscheinlichkeiten

$$f_{y,i}(1) = \frac{1}{2}\lambda_{i,y_1}, \ i \in \Sigma,$$

$$f_{y,i}(2) = \lambda_{i,y_2} \sum_{j \in \Sigma} f_{y,j}(1) \cdot \theta_{j,i} = f_{y,F}(1) \cdot \theta_{F,i} \cdot \lambda_{i,y_2} + f_{y,L}(1) \cdot \theta_{L,i} \cdot \lambda_{i,y_2}, \ i \in \Sigma,$$

$$f_{y,i}(3) = \lambda_{i,y_3} \sum_{j \in \Sigma} f_{y,j}(2) \cdot \theta_{j,i} = f_{y,F}(2) \cdot \theta_{F,i} \cdot \lambda_{i,y_3} + f_{y,L}(2) \cdot \theta_{L,i} \cdot \lambda_{i,y_3}, \ i \in \Sigma,$$

$$f_{y,i}(4) = \lambda_{i,y_4} \sum_{j \in \Sigma} f_{y,j}(3) \cdot \theta_{j,i} = f_{y,F}(3) \cdot \theta_{F,i} \cdot \lambda_{i,y_4} + f_{y,L}(3) \cdot \theta_{L,i} \cdot \lambda_{i,y_4}, \ i \in \Sigma,$$

und für die Rückwärtswahrscheinlichkeiten

$$b_{y,i}(4) = 1, \ i \in \Sigma,$$

$$b_{y,i}(3) = \sum_{j \in \Sigma} \theta_{i,j} \cdot \lambda_{j,y_4} \cdot b_{y,j}(4) = \theta_{i,F} \cdot \lambda_{F,y_4} + \theta_{i,L} \cdot \lambda_{L,y_4}, \ i \in \Sigma,$$

$$b_{y,i}(2) = \sum_{j \in \Sigma} \theta_{i,j} \cdot \lambda_{j,y_3} \cdot b_{y,j}(3) = \theta_{i,F} \cdot \lambda_{F,y_3} \cdot b_{y,F}(3) + \theta_{i,L} \cdot \lambda_{L,y_3} \cdot b_{y,L}(3), \ i \in \Sigma,$$

$$b_{y,i}(1) = \sum_{j \in \Sigma} \theta_{i,j} \cdot \lambda_{j,y_2} \cdot b_{y,j}(2) = \theta_{i,F} \cdot \lambda_{F,y_2} \cdot b_{y,F}(2) + \theta_{i,L} \cdot \lambda_{L,y_2} \cdot b_{y,L}(2), \ i \in \Sigma.$$

$$\diamond$$

Auf diese Weise lassen sich die Einträge der suffizienten Statistik (v, w) wie folgt berechnen

$$v_{i,j} = \sum_{y \in \Omega^n} \frac{u_y}{p_Y^{(n)}(y \mid \theta, \lambda)} \sum_{\gamma=1}^{n-1} f_{y,i}(\gamma) \cdot \theta_{i,j} \cdot \lambda_{j,y_{\gamma+1}} \cdot b_{y,j}(\gamma+1), \ i, j \in \Sigma, \quad (4.26)$$

$$w_{i,k} = \sum_{y \in \Omega^n} \frac{u_y}{p_Y^{(n)}(y \mid \theta, \lambda)} \sum_{\gamma=1}^{n} f_{y,i}(\gamma) \cdot b_{y,i}(\gamma) \cdot I_{(y_\gamma=k)}, \ i \in \Sigma, \ k \in \Omega, \quad (4.27)$$

wobei I_A die Indikatorfunktion einer Aussage A bezeichnet, d. h. $I_A = 1$, falls A wahr ist, und $I_A = 0$ sonst.

Der BW-Algorithmus ist schematisch in Abb. 4.1 und formal in Prozedur 6 beschrieben. Für die Berechnung der suffizienten Statistik werden im BW-Algorithmus für jede Ausgabefolge $y \in \Omega^n$ die $l \times n$-Matrizen F_y und B_y herangezogen. Demgegenüber ist im EM-Algorithmus für die Herleitung der suffizi-

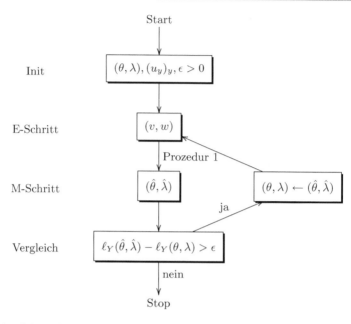

Abb. 4.1 Schematische Darstellung des BW-Algorithmus

enten Statistik die $l^n \times m^n$-Matrix $U = (u_{x,y})$ vonnöten, der Aufwand ist dort also ungleich höher.

Prozedur 6 BW-Algorithmus

Eingabe: Hidden-Markov-Modell, $n \geq 1$, Datensatz $u = (u_y) \in \mathbb{N}^{m^n}$, Schwellenwert $\epsilon > 0$
Ausgabe: Parameterschätzung $(\theta^*, \lambda^*) \in \Theta \times \Lambda$
[Init] Wähle zufällige Parameter $(\theta, \lambda) \in \Theta \times \Lambda$
[E-Schritt] Berechne die suffiziente Statistik (v, w) wie in (4.26), (4.27)
[M-Schritt] Berechne den Maximalpunkt $(\hat{\theta}, \hat{\lambda}) \in \Theta \times \Lambda$ anhand von Satz 2.5
[Vergleich] Falls $\ell_Y(\hat{\theta}, \hat{\lambda}) - \ell_Y(\theta, \lambda) > \epsilon$, setze $\theta \leftarrow \hat{\theta}$ und $\lambda \leftarrow \hat{\lambda}$ und gehe zurück zum E-Schritt
[Ausgabe] $\theta^* \leftarrow \hat{\theta}, \lambda^* \leftarrow \hat{\lambda}$

Historie 5

In den späten 1960er Jahren entwickelte Baum die Mathematik der Markov-Ketten und schuf hierbei die Basis für das Hidden-Markov-Modell. Ein Jahrzehnt später wurde das Hidden-Markov-Modell von Studierenden der CMU erstmals in der Spracherkennung eingesetzt. In den 1980er Jahre wurde dieses Modell zur Analyse von biologischen Sequenzen herangezogen. Heute ist das Hidden-Markov-Modell bekannt für seine Anwendungen in Bioinformatik, Computerlinguistik, Spracherkennung und Signalverarbeitung.

Das Hidden-Markov-Modell gehört zur Klasse der graphischen Modelle, in denen die bedingten Übergangswahrscheinlichkeiten zwischen Zufallsvariablen graphbasiert dargestellt werden. Die wichtigsten graphischen Modelle sind die Bayesschen Netze und die Markov-Random-Fields. Bayessche Netze haben Anwendungen in der Bioinformatik, Künstlichen Intelligenz und Musteranalyse, während Markov-Random-Fields für Aufgaben in der Bildverarbeitung und Computer-Vision verwendet werden.

Der Viterbi-Algorithmus wurde von Viterbi (1967) als Dekodierungsalgorithmus für Faltungscodes über verrauschten digitalen Kommunikationskanälen entwickelt. Dieses Verfahren wurde im Laufe der Zeit in verschiedenen Varianten wiederentdeckt. Dazu gehört der Needleman-Wunsch-Algorithmus (1970) für das Alignment von Nukleotid- oder Aminosäurensequenzen und der Wagner-Fischer-Algorithmus (1974) zur Berechnung des Edit-Abstandes zwischen zwei Zeichenketten. Die Edit-Distanz wurde bereits früher von Levensthein (1965) verwendet, ohne jedoch einen Algorithmus zur Berechnung der Distanz anzugeben.

Der Viterbi-Algorithmus ist ein Rechenverfahren der dynamischen Programmierung. Die dynamische Programmierung wurde in den 1950er Jahren von Bellman entwickelt und hat auf zahlreichen Gebieten Anwendung gefunden. Die dynamische Programmierung zielt auf die Vereinfachung aufwendiger rechentechnischer Probleme bei Vorliegen einer optimalen Unterstruktur ab. Dabei wird eine opti-

K.-H. Zimmermann, *Das Hidden-Markov-Modell,* essentials,
https://doi.org/10.1007/978-3-662-65968-7_5

male Lösung durch eine rekursive Zerlegung in Unterprobleme und deren optimale Lösung entwickelt. Bekannte Verfahren, die nach dem Prinzip der dynamischen Programmierung arbeiten, sind die Algorithmen von Dijkstra- und Floyd-Warshall zur Bestimmung der kürzesten Wege zwischen zwei beliebigen Knoten bzw. allen Knoten in einem Graphen.

Der EM-Algorithmus ist ein wichtiges Werkzeug für die statistische Analyse und wurde von Dempster, Laird und Rubin (1977) vorgestellt. Die Autoren wiesen jedoch darauf hin, dass diese Methode bereits zuvor in konkreten Anwendungen eingesetzt wurde. Die Konvergenzanalyse des Dempster-Laird-Rubin-Algorithmus war ursprünglich fehlerhaft und wurde später von Wu (1983) korrigiert.

Der Baum-Welch-Algorithmus kann in einem Teilschritt des EM-Algorithmus zur Schätzung der Übergangswahrscheinlichkeiten in einem Hidden-Markov-Modell verwendet werden. Dieses Verfahren wird im Vorwärtsalgorithmus eingesetzt, wodurch die Statistik im E-Schritt effizienter als im EM-Algorithmus berechnet wird. Der BW-Algorithmus wurde von Baum und Welch gegen Ende der 1960er Jahre entwickelt. Die ersten Anwendungen lagen im Bereich der Sprachverarbeitung und der Analyse von genomischen Sequenzen.

Was Sie aus diesem *essential* mitnehmen können

- Aufbau und Funktionsweise eines Hidden-Markov-Modells.
- Tropikalisierung als Übergang vom probabilistischen zum tropischen Halbring.
- Verwendung des Viterbi-Algorithmus für Inferenzzwecke in einem Hidden-Markov-Modell mit verdeckten Zuständen.
- Durchführung der Parameterschätzung in einem Hidden-Markov-Modell mit vollständig beobachteten Zuständen sowie in einem Hidden-Markov-Modell mit verdeckten Zuständen vermöge des EM- oder BW-Algorithmus.
- Einblick in anwendungsspezifische Hidden-Markov-Modelle.

K.-H. Zimmermann, *Das Hidden-Markov-Modell,* essentials,
https://doi.org/10.1007/978-3-662-65968-7

Literatur

Durban, R., Eddy, S., Krogh, A., Mitchison, G.: *Biological Sequence Analysis*. Cambridge Univ. Press, Cambridge (2002)

Barber, D.: *Bayes Reasoning and Machine Learning*. Cambridge Univ. Press, Cambridge (2012)

Dehling, H., Haupt, B.: *Einführung in die Wahrscheinlichkeitstheorie und Statistik*, 2. Aufl. Springer, New York (2004)

Dempster, A., Laird, N., Rubin, D.: Maximum-Likelihood from incomplete data via EM algorithm, *J. Royal Statistical Soc.*, 1–7 (1977)

Grimmett, G., Welsh, D.: *Probability – An Introduction*. Oxford Univ. Press, Oxford (2014)

Himmelmann, T.: *Package "HMM", CRAN Repository*. (2015)

Koski, T., Noble, J.: *Bayesian Networks*. Wiley, New York (2009)

Koller, D., Friedman, N.: *Probabilistic Graphical Models: Principles and Techniques*. MIT Press, Cambridge (2009)

Murray, D., Teare, S.: Probability of a tossed coin landing on edge. *Physical Review E* **48**(4), 2547–2552 (1993)

Lawrence, R.: A tutorial on hidden Markov models and selected applications in speech recognition. *Proc. IEEE* **77**(2), 257–286 (1989)

Pachter, L., Sturmfels, B.: *Algebraic Statistics for Computational Biology*. Cambridge Univ. Press, Cambridge (2005)

© Der/die Herausgeber bzw. der/die Autor(en), exklusiv lizenziert an Springer-Verlag GmbH, DE, ein Teil von Springer Nature 2022
K.-H. Zimmermann, *Das Hidden-Markov-Modell*, essentials,
https://doi.org/10.1007/978-3-662-65968-7

Stichwortverzeichnis

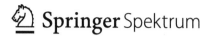

Printed in the United States
by Baker & Taylor Publisher Services